W0231737

DECO

ARTISTS

Visuelles Marketing

RALF KÜRSTEN

DECO
ARTISTS

VISUELLES
MARKETING

UNIVERSITÄTSVERLAG PASSAU

ISBN-10: 3-86036-034-5
ISBN-13: 978-3-86036-034-7

Dieses Werk ist einschließlich aller seiner Teile urheberrechtlich geschützt.
Jede Verwertung außerhalb der engen Grenzen des Urheberrechts ist ohne
Zustimmung des Verlages unzulässig und strafbar.
Dies gilt insbesondere für Vervielfältigungen, Übersetzungen, Mikroverfilmungen
und die Einspeicherung und Verarbeitung in elektronische Systeme.

Titelbild: Gucci/Frankfurt am Main; Foto: Ralf Kürsten

© 2006 Universitätsverlag Passau GmbH

Inhalt

Tiffany New York wurde nicht
zuletzt durch den Film
„Frühstück bei Tiffany" zum
Inbegriff exklusiver
Schaufensterkultur.

Vorwort

Dekoration ist ein weites Feld. Geht man von der Begriffsdefinition aus, so wird Dekoration (aus dem französischen „decoration") wie folgt beschrieben:

„Dekoration bedeutet die Ausschmückung oder Verzierung eines Gegenstandes, die ihm gegeben wird, damit er ein gefälliges oder zweckentsprechendes Aussehen erhält." (Friedrich Kirchner, Wörterbuch der Philosophischen Grundbegriffe)

Das Ausschmücken und Verzieren von Dingen ist ein zutiefst menschliches Bedürfnis und zieht sich durch alle Kulturen und Epochen. Es spiegelt das Verlangen wider, zu gefallen.

Ich möchte mich aber auf das Thema Dekoration als Instrument des Handels und der Verkaufsförderung beschränken. Alles andere würde den Rahmen dieses Buches sprengen. Aber auch so bleibt noch genug, dass alle, die sich mit dem Thema beruflich auseinander setzen oder sich dafür interessieren, Anregung und Unterhaltung finden sollen.

Denen, die dies als Betrachter oder Konsument wahrnehmen, möchte ich einen Blick hinter die Kulissen vermitteln. Denen, die dies als Berufswunsch in sich tragen, soll es als Entscheidungshilfe dienen.

Das Thema Dekoration wurde durch den Begriff Visuelles Marketing weitergespannt und soll Entscheidern und Auftraggebern die Bedeutung der „Medien" deutlich machen, die ihnen dort zur Verfügung stehen, wo der Kunde seine Kaufentscheidung trifft.

Ebenso möchte ich Kollegen zu Wort kommen lassen, die in der Vergangenheit und heute die Entwicklungen im Bereich des Visuellen Marketings maßgeblich geprägt haben oder prägen.

Ich danke all denen, die mich bei der Vorbereitung dieses Buches unterstützt haben.

Meinen Kollegen, die sich nicht gescheut haben, ihre Meinung zu vertreten, den Firmen und dem Museum für Visuelles Marketing im Karl-Ernst-Osthausmuseum in Hagen, die mir Text und Bildmaterial zur Verfügung gestellt haben, und meiner Lektorin Frau Evelyn Walther, die mich bei der Vorbereitung und Umsetzung des Buches begleitet hat.

Besonders aber danke ich meiner Frau Constanze, die mir die Zeit für diese Arbeit geschenkt hat.

Ralf Kürsten

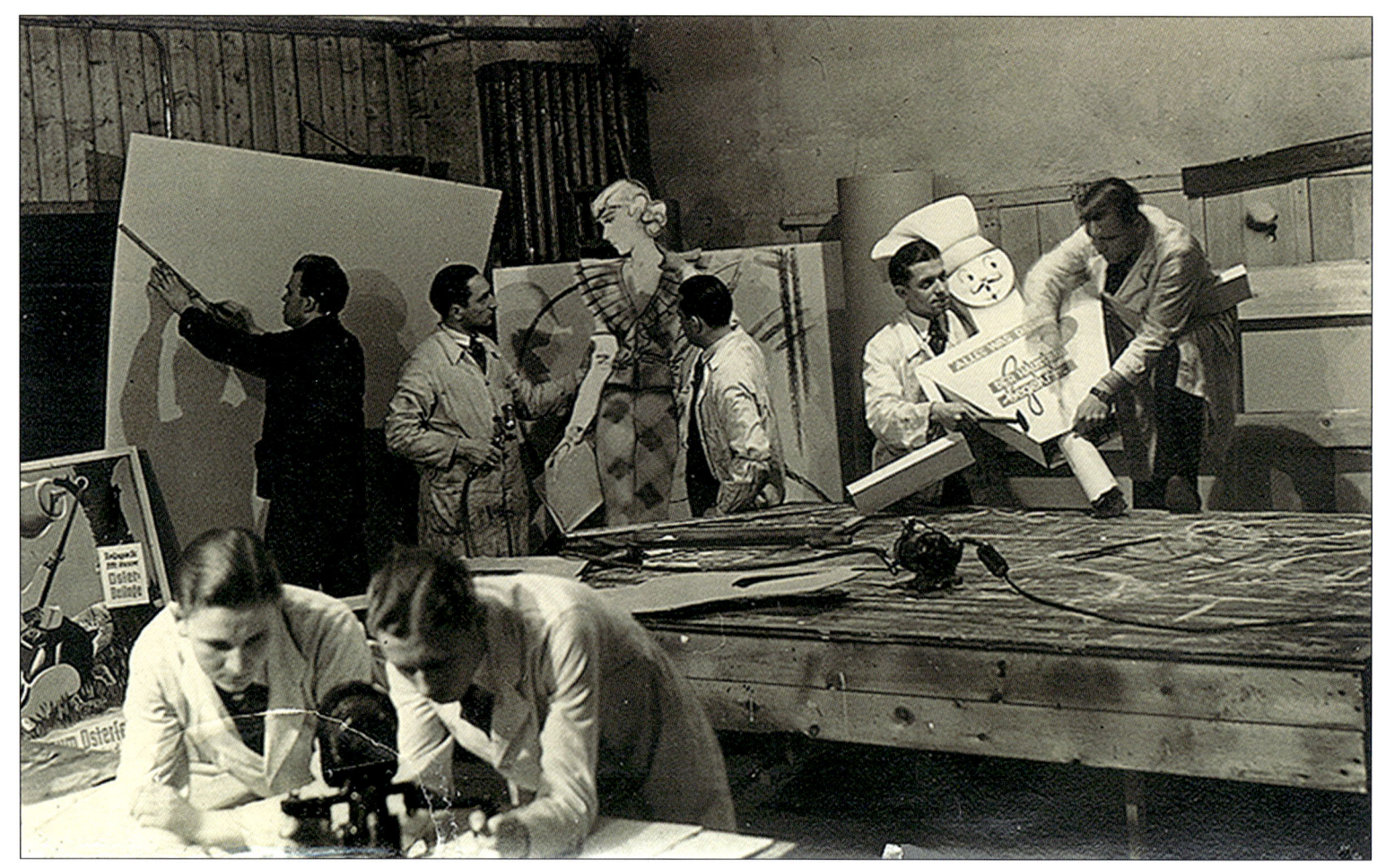

Dekorationsatelier um 1935

Das Schaufenster aus historischer Sicht

Schaufenster und Schaufenstergestaltung sowie die Entwicklung von verkaufsfördernden Displays sind Phänomene des ausgehenden 19. und 20. Jahrhunderts. Dabei waren zwei Entwicklungen von entscheidender Bedeutung: Die Erfindung und Verbreitung von künstlicher Beleuchtung und die Möglichkeit, große Flächen zu verglasen.

Zusätzlich wurde die Expansion der fast zeitgleich entstehenden Vertriebsform Warenhaus beschleunigt. Damit wurden Schaufenster und die damit verbundene Schaufenstergestaltung zum beherrschenden Element im Straßenbild der Städte in den industrialisierten Gesellschaften und avancierten zum wichtigsten Werbemittel des Einzelhandels.

Im Zuge dieses Umbruchs entstanden neue Berufe wie der des „Schaufenster-Dekorateurs" und des Plakatmalers. Da die Anforderungen dies verlangten, rekrutierten sich aus diesen Berufen viele Werbefachleute, aber auch viele Künstler haben zumindest zeitweise diesen Beruf ausgeübt.

Damit war ein Beruf geboren, der künstlerisch Ambitionierten den Einstieg in eine kreative Karriere ermöglichte, da sich hier Broterwerb und Aufgabenstellung ideal ergänzten.

Unter den bekannten Künstlern sind Namen wie:

Frederick Kiessler,

Marcel Duchamps,

Salvador Dalí,

Robert Rauschenberg,

Andy Warhol

zu finden, die über den Beruf zur Kunst gelangten oder als „Gastspieler" sich am Medium Schaufenster versuchten.

Im Laufe der Zeit änderte sich auch die Berufsbezeichnung. Da der gebräuchliche Begriff Dekorateur auch für den Beruf der Raumausstatter/Polsterer Anwendung fand, versuchte man mit „Schauwerbegestalter" eine präzisere Beschreibung des Tätigkeitsfeldes zu geben.

Im Herbst 2004 wurde für dieses Berufsbild der Begriff „Gestalter für Visuelles Marketing" geschaffen und dadurch auf die neuen Anforderungen, die Visual Merchandising und Handelsmarketing mit einbinden, aufmerksam gemacht.

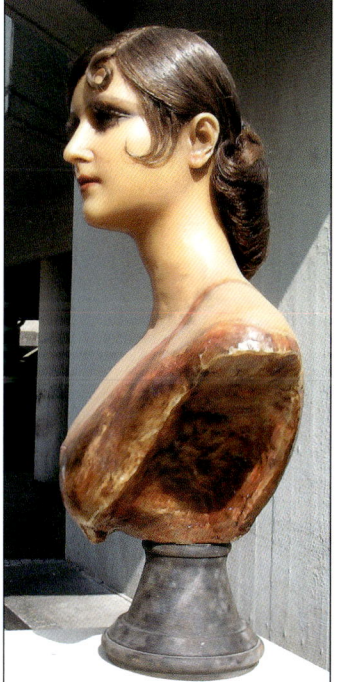

Wachsbüste um 1900

Der Aufbruch

Die Nachkriegszeit war besonders geprägt von einer ungebremsten Expansion der Waren- und Textilkaufhäuser. Dies drückte sich in Marktanteilen der Warenhäuser aus, die zeitweise zehn Prozent überschritten.

Neueröffnungen dieser Vertriebsformen glichen Megaevents, bei denen die Türen auf Grund des hohen Andranges vorübergehend geschlossen werden mussten.

Endlich fand der Kunde wieder all das, was er in den zurückliegenden Jahren vermisst hatte: ein breites und preiswertes Angebot.

Die Städte wetteiferten damit, Flächen in Toplagen für die Warenhäuser zu erschließen, was zum Teil in heute noch sichtbaren Bausünden endete. In Essen musste zum Beispiel das historische Rathaus weichen, um Fläche für ein Kaufhaus zu schaffen.

Aber die Städte profitierten von diesem Boom und entwickelten sich zu Wallfahrtsorten des Konsums.

Hier wurden die Schaufenster und Aktionen inszeniert, die deutsche Handelsgeschichte geschrieben haben.

Ein aus Düsseldorf stammender Marketingkollege schwärmte von einem Jugenderlebnis, das sich tief in sein Gedächtnis eingegraben hatte: eine England-Aktion, bei der die Horse-Guards über die Schadowstraße paradierten und am Eingang von Karstadt Spalier standen.

Diese Inszenierungen verdanken wir Heinz Hoffmann, der eine ganze Generation von „Chefdekorateuren" prägen sollte.

Kaum jemand, der später erfolgreichen deutschen Kollegen, die sich nicht bei ihm den letzten Schliff geholt oder ihn zumindest als Vorbild gesehen haben.

Danach sorgten in Zürich bei Jelmolie Walter Knapp und in Bremen bei Karstadt Hans Georg Schriever-Abeln mit avantgardistischen Konzepten für Aufsehen. Walter Knapp setzte beim Kaufhaus Jelmolie in Zürch Zeichen, die weit über die Gestaltung von Schaufenstern hinausgingen. Ihn beflügelte die Vision an, das Künstlerische mit dem Verkäuferischen stärker zu verknüpfen, und er war einer der Ersten, die erkannten, dass ein Warenhaus auch von dem Umfeld lebt, in dem es angesiedelt ist. So betrieb Walter Knapp neben seinen Aufgaben erfolgreich City-Marketing in der Erkenntnis, dass man große Dinge, sollen sie sich rechnen, nur gemeinsam bewegen kann.

Seine „Kuh-" und „Löwenaktionen" auf der Bahnhofstraße in Zürich sind die Keimzellen für viele Nachahmer, die dieses Prinzip bis heute erfolgreich nutzen.

Damenstrümpfe waren in den Nachkriegsjahren *der* Luxusartikel.

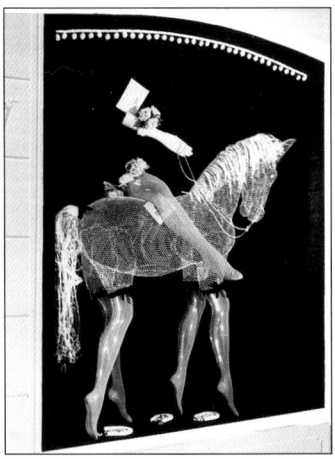

Besucherandrang bei den
Englischen Wochen,
Karstadt Düsseldorf 1964

Ein Ozeandampfer 15m lang, 8m hoch.
400 Puppen aller Art vom Kapitän bis zum blinden Passagier.
Weiße lebende Mäuse stellten die Ratten dar!
Der drei Tonnen schwere Dampfer schaukelte auf und ab,
und auch sonst bewegte sich einiges.

Heinz Hoffmann

Die Arbeiten von Heinz Hoffmann waren Vorbild und Maßstab für eine ganze Generation.
Er gab der Vertriebsform Warenhaus nach dem Krieg den Glanz zurück, der die Menschen
ansprach und der ihnen das Gefühl gab, es geht wieder aufwärts. Seine England-Schauen
in Düsseldorf waren Groß-Events, denen sich keiner entziehen konnte und die immer noch
Maßstab dafür sind, wie man Handel Faszination verleiht.
Dass hinter jedem bedeutenden Mann eine Frau steht, die ihn unterstützt, trifft auch hier zu.
Gertrud Hoffmann trug als Kunstgewerblerin mit dazu bei, dass auch alles bis ins Detail
stimmte.

Deutsches Derby 1952,
Organza Steckkleid

England-Wochen 1964 bei Karstadt Düsseldorf

Hans Georg Schriever-Abeln

Hans Georg Schriever-Abeln gehört zur ersten Generation, die nach dem Krieg diesen Beruf erlernte. Seine Arbeiten bei Karstadt Bremen verkörpern für mich die 60er/70er-Jahre und die damit verbundene Stimmung nach Veränderung.

Seine Großveranstaltungen dort sprengten das Maß des bis dahin Vorstellbaren. Wenn das Wort „Erlebniskauf" jemals mit Sinn gefüllt wurde, dann war es zu dieser Zeit. Gesamte Etagen wurden im Rahmen von Aktionen umgestaltet und durch gastronomische Angebote, die ein Unterhaltungsprogramm enthielten, ergänzt.

Hans Georg Schriever-Abeln
setzte in den 60ern neue
kreative Impulse.

▶ Die Japanwochen in Bremen

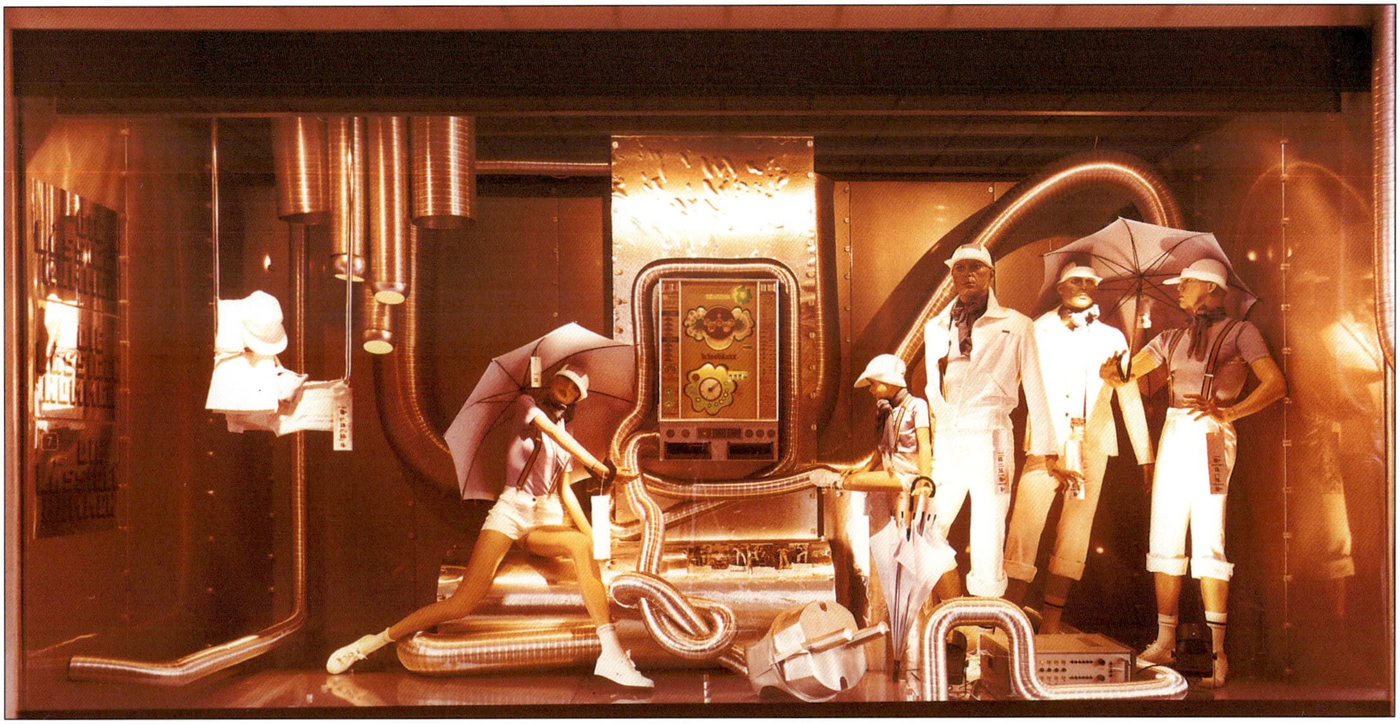

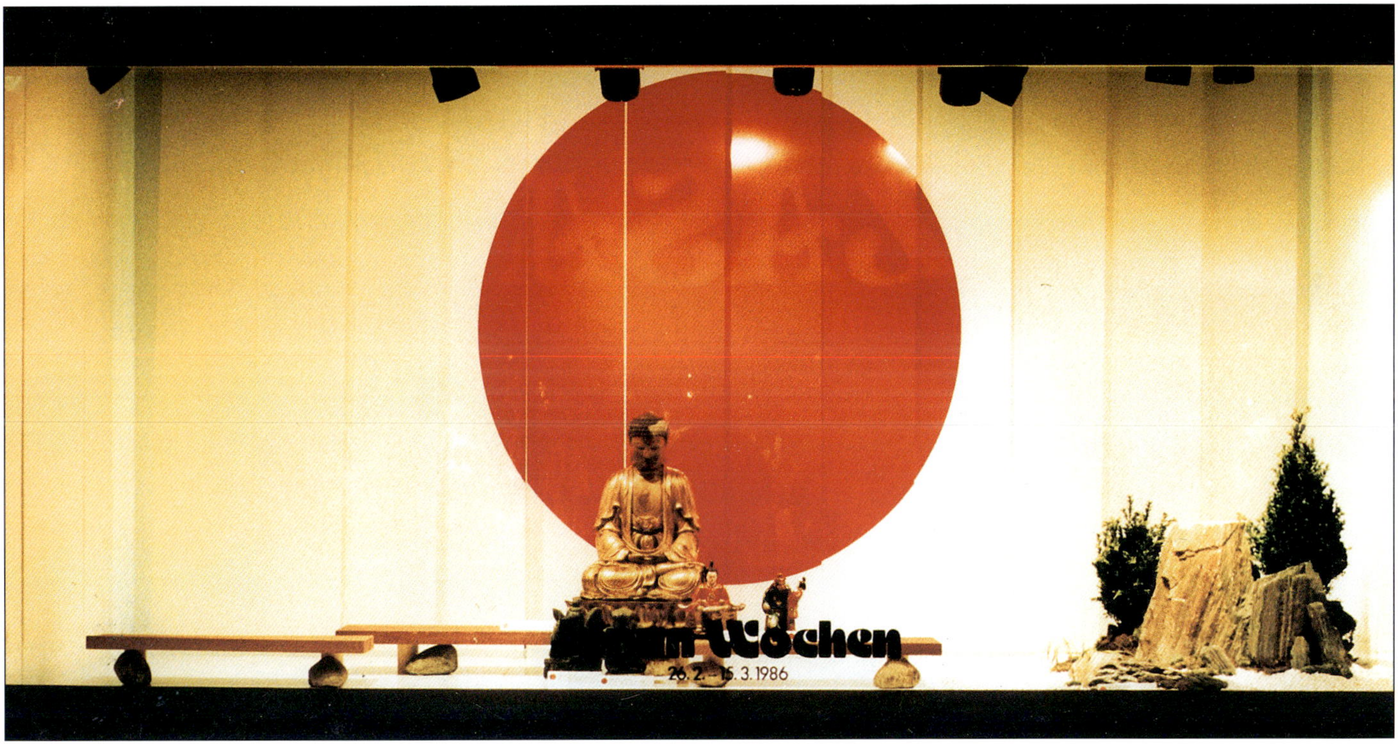
Wochen
26.2.–15.3.1986

Hans Georg Schriever-Abeln trug mit
seinen Arbeiten zur Weiterentwicklung
des Schaufensters bei. Neue
Materialien ermöglichen interaktive
Schaufensterkonzepte mit hohem
Aufmerksamkeitsgrad.

Schaufenster heute

Das Schaufenster stellt in den meisten Fällen den ersten Kontakt zum Kunden her und bietet dem Geschäft die Möglichkeit zur visuellen Selbstdarstellung.

Es ist sozusagen die Visitenkarte, bei deren Überreichen man seine Wertschätzung für den Empfänger deutlich macht oder besser noch die Einladungskarte, die den Kunden willkommen heißt.

Wir alle wissen, welche Spuren der erste Eindruck hinterlässt und wie unauslöschlich dieses erste „Kennenlernen" sich einprägt. Ich glaube, viele Händler sind sich dieser Tatsache nicht oder nicht immer bewusst.

Ein englischer Kollege brachte dies sehr anschaulich auf den Punkt:
„You only ever have one chance to make a first impression!"

Dabei ist das Ausstellen und Zurschaustellen von Waren so alt wie der Tauschhandel selbst. Bereits im Altertum gab es Handelsbetriebe mit Verkaufsräumen und Warenauslagen. Bis zur Erfindung von Papier und Druck war die Schauwerbung sogar die einzige Form der Werbung.

Schaufenster sind auch heute noch ein Schlüsselinstrument in der Kommunikationsstrategie von Einzelhändlern. Untersuchungen zeigen, dass 95 Prozent aller Einzelhandelsgeschäfte das Schaufenster als Werbemittel einsetzen. Durchschnittlich werden 37 Prozent des Werbeetats für die Schaufensterwerbung ausgegeben (FernUniversität Hagen). Damit ist die Schaufensterwerbung das mit Abstand bedeutendste Werbeinstrument des Einzelhandels.

Obwohl das Schaufenster seit Anfang des Jahrhunderts große Verbreitung in den Innenstädten fand und das Gros der Einzelhandelsgeschäfte es heute als Werbeinstrument einsetzt, wird seine Bedeutung für die Kaufentscheidung der Konsumenten bislang unterschätzt.

Dabei liegen seine Vorteile klar auf der Hand: *Es ist sozusagen der Lockstoff zur Vorbereitung von Kaufentscheidungen.*

So wie die Pflanze mit unterschiedlichen Methoden wie Duft, Blüte und Farbe, die Auswahl für ihre Bestäubung trifft, so können auch „Dekorationen" die Zielgruppe ansprechen und selektieren.

Sie sind der emotionale Köder, der die Herzen öffnet, der dem Kunden den Kick vermittelt, den er als Entscheidungshilfe braucht.

Das Schaufenster wird zum
Huhn das goldene Eier legt
... wenn jedes Detail stimmt.

Der Händler präsentiert mit dem Schaufenster seine Ware, macht mit seiner Botschaft auf sich aufmerksam und baut Hemmschwellen ab, den Laden zu betreten.
Außerdem ermöglicht es, sich von vergleichbaren Vertriebsformen abzugrenzen.

Wer weiß, dass der überwiegende Teil der Kaufentscheidungen erst am Verkaufsort getroffen wird, kann die Bedeutung des Mediums nachvollziehen.

Mit der Schaufensterdekoration wird der Kunde unmittelbar vor dem Kauf angesprochen, er erlebt die Produkte direkt und zum Greifen nahe und nur wenige Schritte trennen ihn davon, seinen Wunsch in die Tat umzusetzen. Damit bildet das Schaufenster die „Brücke", die von der Straße in den Laden und zur Erfüllung der Wünsche führt.

Bei so viel überzeugenden Argumenten muss man sich die Frage gefallen lassen, warum Schaufenster oft nicht professionell genutzt werden.

Auch hierfür gibt es natürlich Erklärungen, die ich kurz zusammenfassen möchte.

Unter dem Schock der Erfolge der grünen Wiese und der Polarisierung des Handels sahen und sehen viele Handelsunternehmen Schaufenster nur unter dem Aspekt der damit verbundenen Kosten.
Besonders die erfolgsverwöhnten Warenhäuser versuchten mit einer veränderten Preispolitik den Discountern Paroli zu bieten, obwohl sie dabei von Anfang an auf verlorenem Posten standen.

Rückläufige Kundenzahlen und schwindende Erträge führten zu verständlichen, aber oft hektischen Reaktionen.

Die alte Stärke, als innovativer Motor der Innenstädte zu agieren, der ständig neue Einkaufsideen inszenierte, ging insbesondere bei den Warenhäusern verloren oder wurde von dem Bemühen, sich beim Kunden primär über den Preis zu empfehlen, verdeckt.

Zusätzlich gab man mit der Vermietung von Top-Erdgeschossflächen inklusive der davor liegenden Schaufenster eigene Attraktivität und Identität auf.

Das bei den Berlinern beliebte Kaufhaus Wertheim am Kurfürstendamm, welches immerhin über eine Verkaufsfläche von über 20.000 m² verfügt, stellt seine dem Kurfürstendamm zugewandte Schaufensterfront zu 30 Prozent einem Optiker und zu 20 Prozent einem Kaffeekonzept zur Verfügung.

Was nimmt der Kunde wahr? Dem Haus fehlt die Größe und Innovationskraft, sich selbst darzustellen? Man kann dort gute Brillen kaufen und Kaffee trinken? Suchen Sie es sich aus!

Eines nimmt er ganz sicher nicht wahr:
„Hier ist eines der größten Warenhäuser an einem der attraktivsten Plätze Deutschlands."

Dabei setzt sich die Erkenntnis, dass sich ein Handelsunternehmen wie eine „Marke" positionieren muss, immer mehr durch.

Eine zunehmende Zahl von Handelsunternehmen entdeckt bei diesem Bemühen das Schaufenster als effizientes, das heißt wir-

kungsvolles, preiswertes und schnell einsetzbares Marketinginstrument neu und misst der Schaufenstergestaltung wieder eine hohe Bedeutung zu.

Dies fällt umso leichter, da kaum ein Medium so viele Gestaltungsmöglichkeiten zulässt.

Besonders über Schaufenstergestaltungen, die den Kunden emotional ansprechen, können sich Einzelhändler von ihren Wettbewerbern absetzen und Wettbewerbsvorteile erzielen.

Die „Wiederentdeckung" von Schaufenstergestaltungen ist vor allem in den Metropolen wie New York, London und Paris erkennbar. Konzentrierten sich bis jetzt nur Nobelkaufhäuser wie Saks Fifth Avenue, Bloomingdales oder Barney's auf eine aufwändige Schaufenstergestaltung, so sind heute in den Geschäften der Malls und in Kaufhäusern zunehmend künstlerisch anspruchsvoll gestaltete Fenster zu sehen.

Früher fanden sich in den amerikanischen Shopping Malls fast ausschließlich Durchsichtfenster, die einen tiefen Einblick in die Verkaufsräume gewährten und die ausgestellten Produkte eher in den Hintergrund treten ließen.

Das klassische Schaufenster dagegen erlaubt keinen Einblick in das Geschäft, und die Warenpräsentation wird durch zusätzliche Accessoires und Designelemente unterstützt. Diese Form der Schaufenstergestaltung wird von den Einzelhändlern in amerikanischen Einkaufszentren zunehmend aufgegriffen. In Deutschland, beflügelt durch die zunehmen-

de Zahl europäischer Vertikal-Konzepte, gibt es ein Umdenken. C&A hat es geschafft, mit Augenmaß, Geduld und einer nicht unbedeutenden Kraftanstrengung seine Konzepte den neuen Verbraucherbedürfnissen anzupassen.

Zara hat gezeigt, dass man beachtliche Erfolge haben kann, wenn man den Verkaufsort in den Mittelpunkt stellt.

Zara verzichtet gänzlich auf aufwändige Werbung und stellt eine ansprechende Gebäudearchitektur, anspruchsvolle Schaufenstergestaltung, klare Sortimentsdarstellung, eine darauf abgestimmte Ladeneinrichtung angereichert mit Dekorationselementen und einem frischen, sympathischen Service als gelungenen Mix in den Mittelpunkt der Bemühungen, den die angesprochene Zielgruppe unmittelbar erkennt und von dem sie sich angezogen fühlt.

Dass auch Warenhäuser nach wie vor erfolgreich sein können, bezeugen die Beispiele aus England und Spanien. Aber auch wer die Gelegenheit zum Weihnachtsshopping nach Paris nutzt, erfährt, wie viel Spaß Einkaufen machen kann.

Denn zumindest für die Innenstädte und guten Einkaufszentren gilt nach wie vor:

Es ist das Ambiente der Erlebniswelten, die Qualität der Inszenierung und die Ausstrahlung der Mitarbeiter, die den Kunden zum Bleiben bewegen.

Was erwartet der Kunde noch von uns? Ein Produkt muss eine Bereicherung, ein Versprechen sein. Bei immer gleichförmigen Produk-

Opulenz und ...

ten ist es die Bedeutung, die der Kunde kauft. Ob Markenhersteller oder Handelsunternehmen, man muss eine Bedeutung in den Köpfen der Kunden erzielen. Dies hilft auch zu erkennen, dass der Preis nicht zum Popanz über alles erhoben werden kann. Es ist zwar eine Binsenweisheit, dass der Preis, richtig eingesetzt, ein scharfes Schwert ist, aber auch eines, das sich schnell abnutzt und es ständig neuer Werbeanstrengungen bedarf, diese Klinge zu schleifen.

Die Beispiele von Strauß Innovation und Tschibo zeigen, dass nicht nur der Preis, sondern die abwechselnde Inszenierung von Themen gekoppelt an einen Preis, der dem Kunden günstig erscheint, erfolgreich sein kann. Auch hier, wo der Preis ein wichtiges Kriterium für die Kaufentscheidung ist, wird das Schaufenster konsequent genutzt und Visuelles Marketing im Laden zelebriert.

Dass Schaufenster eine emotionale Wirkung auf Konsumenten haben, konnte unter anderem in einer Studie des Douglas-Stiftung-Lehrstuhls für Dienstleistungsmanagement an der FernUniversität in Hagen belegt werden. Aus den Ergebnissen dieser Studie lässt sich ablesen, dass Einzelhändler durch eine aktive Gestaltung ihrer Schaufenster das Kaufverhalten von Konsumenten positiv beeinflussen können.
(Siehe wissenschaftliche Betrachtung des Schaufensters)

Daher sollten Einzelhändler der Bedeutung des Instruments „Schaufenstergestaltung" im Rahmen der Kommunikationsstrategie eine deutlich höhere Beachtung schenken.

Das Schaufenster als Kommunikationsinstrument

Werbefachleute wie mein Lehrkollege und erfolgreicher Werbetexter Michael Barny, der unter anderem für eine der bekanntesten Werbebotschaften: „Katzen würden Whiskas kaufen" verantwortlich zeichnet, haben diesen Beruf einmal gelernt.

Hinzu kommen viele gute Werbeagenturen, die von Kollegen gegründet wurden oder geführt werden. Dies ist wenig verwunderlich, wenn man bedenkt, dass an das Schaufenster als Medium ähnliche Anforderungen wie an gute Werbung gestellt werden.

Für Schaufenster wie für Werbung gilt gleichermaßen:

Man muss Aufmerksamkeit wecken.

Aber reicht das? Natürlich nicht, denn das ist bekanntermaßen keine Kunst. Wir kennen das aus unserer Schulzeit, auffallen konnte man verhältnismäßig schnell, das war keine Kunst und selten erfolgreich.

Aber gute Werbung und damit auch gute Schaufensterwerbung ist eine Kunst, nämlich Verkaufskunst.

Worum es geht, ist, Aufmerksamkeit im Sinne einer bestimmten Wahrnehmung zu lenken und damit Identifikation zu schaffen.

Hier zwei Beispiele:
Man kann Kleider in ein Schaufenster stellen und dazu schreiben: *„Die neuen Frühjahrskleider".*
Da gähnen die Leute natürlich, denn das lesen sie fast überall.

... Askese perfekt inszeniert

Man kann natürlich auch schreiben (Die ersten Frühjahrsfenster werden im Januar dekoriert):

"Seien Sie dem Winter und Ihrer Freundin einen Monat voraus."
oder:
"In diesem Kleid gewann Christiane M. den Wettbewerb Modell 2005 und den Mann ihres Herzens."

Denn ein Kleid ist mehr als ein Stück zusammengenähter Stoff. Jemand kauft es, er fühlt sich wohl darin, und es begleitet ihn ein Stück durchs Leben.

Das habe ich natürlich nicht erfunden, das habe ich einmal im Rahmen eines Vortrags von einem Werbefachmann gehört. Leider habe ich dessen Namen vergessen, aber die Inhalte dieses bemerkenswerten Vortrages sind mir noch in Erinnerung.

Hier wird ein romantisches Bild von Kindern erzeugt, das sich an Erwachsene richtet.

Folgende vier Regeln schrieb er den Anwesenden ins Stammbuch:

Wird das Schaufenster als Kommunikationsinstrument genutzt, gelten die gleichen Regeln, die auch für gute Werbung gelten:

Wenn wir nichts Neues sagen, wird uns niemand zuhören.
Wenn wir es nicht einfach sagen, wird uns niemand verstehen.
Wenn wir es nicht zwingend sagen, werden wir keine Wirkung erzielen.
Wenn wir es nicht verkäuferisch sagen, werden wir keinen Verkaufserfolg haben.

Daraus folgern wir:

Schaufenster sollten nicht schön oder hässlich sein, sondern wirkungsvoll.
Schaufenster sollten nicht billig oder teuer sein, sondern sich durch gute Ideen bezahlt machen.
Schaufensterideen sollten nicht neuartig, sondern neu sein, nicht harmlos sondern einfach, zwingend aber nicht mit dem Holzhammer.
Schaufenster sollten mit mutigen Ideen auch mal Regeln durchbrechen und sich auf ein Ziel konzentrieren.

„Die kleinen Reichen", eine für Kinder inszenierte Erwachsenenwelt

Amerika-Schau im Jelmoli/Zürich von Walter Knapp.

Walter Knapp

Wenn es jemanden gibt, den ich kenne, der diesen Beruf liebt, dann ist es Walter Knapp. Zugleich ist er der lebende Beweis, dass dieser Beruf jung hält, wenn man ihn leidenschaftlich betreibt. Bereits in der Lehre fuhr er mit dem Fahrrad nach Paris, das ihn künstlerisch schon früh angezogen hat und wo er heute den großen Teil des Jahres wohnt. Walter Knapp machte mit seinen Arbeiten für Jelmoli die Schweiz zum Anziehungspunkt für die Fachwelt. Als Schweizer wusste er aber auch immer, dass sich das für seine Firma „rechnen" musste und erfand mit den von ihm initiierten Außenaktionen sich selbst finanzierende Top-Events, die Nachahmer in der ganzen Welt fanden.

Die Qualität und die Unterhaltsamkeit der Löwen- und Kuhaktionen in Zürich bleiben allerdings unerreicht.

Walter Knapp arbeitet noch heute in Paris und Zürich als Fotojournalist für die Fachpresse und organisiert Trend-Touren durch Paris.

Die Ausbildung des kreativen Nachwuchses hat ihm immer am Herzen gelegen. Im Centre d'Einseignement Professionnel in Vevey am Genfer See gibt er sein Wissen und seine Erfahrung an die neue Generation weiter.

In Zürich sind die Löwen los.

33

Kuhkultur in Zürich

Mango/Köln

Wissenschaftliche Betrachtung des Mediums Schaufenster

Schaufenster, sollen sie als Medium ernst genommen werden, müssen sich auf ihre Nutzung und Wirkung überprüfen lassen. Ich stelle hier Ergebnisse von Untersuchungen vor, die in den letzten Jahren bei verschiedenen Universitäten gemacht wurden.

Eine Diplomarbeit der Universität Saarbrücken widmet sich dem Thema Schaufenster und deren Wirkung:

Die Zusammenfassung liest sich wie folgt:

Bei der assoziativen Untersuchung (Was fällt Ihnen spontan zum Schaufenster ein?) zeigt sich, dass Schaufenster am häufigsten mit „Schaufensterpuppen", „Mode", „Gestaltung" und „Preis" in Verbindung gebracht werden.

Bemerkenswert in dieser Untersuchung ist, dass „langweilige/schlechte" Präsentation bereits auf Platz fünf liegt. Was man dahin deuten kann, dass die Qualität der Gestaltung vom Kunden sehr genau wahrgenommen wird.

Diese allein wäre schon Grund genug, dem Thema mehr Beachtung zu schenken.

Bei der Analyse der Faktoren kristallisierten sich „Orientierungsfreundlichkeit", „Emotionaler Eindruck", „Produkt-Informationsgehalt" und „Ablenkungseffekte" als wesentlich wahrgenommene Faktoren heraus.

Die Untersuchung der Bedeutung des Schaufensters im Media-Mix setzt das Schaufenster mit wenigen Punkten Abstand auf Platz zwei, hinter die Zeitschriftenwerbung.

Die Wirkungsanalyse, bei der unterschiedliche Schaufenstertypen untersucht wurden, ergab Folgendes:

Typ eins
(Untersuchung nach Schaufensterart)
Hier liegen Schaufenster mit Mannequins und geschlossener Rückwand vor Schaufenstern mit Mannequins und geöffneter Rückwand.

Am schlechtesten schneiden Durchsicht-Fenster ab.

Typ zwei
(viel oder wenig Ware?)
ergab ein klares Ergebnis: Übersichtliche Schaufenster mit weniger Ware liegen mit Abstand vor Schaufenstern mit sehr viel Ware.

Typ drei
(Präsentationsform)
Hier liegen Präsentationen mit Mannequins mit Köpfen vor Präsentationen mit kopflosen Büsten, gefolgt von Präsentationen an Haken.

Daraus ergibt sich, dass Schaufenster mit geschlossener Rückwand und Vollfiguren bezüglich des emotionalen Eindrucks dem Kunden besser gefallen und das Kaufverhalten signifikant positiver beeinflussen als „Schaufenster ohne Rückwand". Die schlechtere Bewertung resultiert aus den negativ wahrgenommenen Ablenkungseffekten.

Hier werden Verkaufsraum und Schaufensterbereich zu Teilen einer Gesamtinszenierung. DOLCE & GABBANA.

Außerdem ergab die Untersuchung:

Je überraschender Schaufenster wirken, desto
mehr Aufmerksamkeit wird ihnen geschenkt und desto positiver wird das Gefallen und Kaufverhalten beurteilt.

Je überraschender, man könnte auch sagen, je
provokativer ein Schaufenster ist, desto
mehr zieht es die Kunden an.

Je ablenkender Schaufenster wirken, desto
mehr beeinflussen sie das Kaufverhalten
negativ.

Je überraschender ein
Schaufenster ist, je höher ist die
Beachtung.

Für die Praxis ergibt sich hieraus Folgendes:

Aktiviere den Konsumenten!

Durch den Einsatz emotionaler (gute Mannequins etc.), kognitiver (Überraschung) und physischer Reize (Farbe, Licht) wird die Aufmerksamkeit und Zuwendung der Kunden erlangt. Je besser der emotionale Eindruck, je überraschender und ungewöhnlicher (stopping-power), desto mehr Kunden setzen sich mit dem Schaufenster auseinander. Dabei ist der Kontext zur Ware herzustellen.

Je besser der emotionale Eindruck, je mehr Kunden setzen sich mit dem Schaufenster auseinander.

Klasse statt Masse

Die Orientierungsfreundlichkeit des Schaufensters ist von prägnanter Bedeutung. Die Studie zeigte eindeutig: Entscheidend ist nicht nur, wie viel, sondern wie präsentiert wird.

Klar strukturierte und übersichtlich gestaltete Schaufenster kommen der Informationsaufnahme des Konsumenten entgegen. Die Botschaft wird somit auch bei flüchtigem Kontakt mit dem Medium aufgenommen. Dies fordert auch eine gezielte Anordnung von Preisschildern.

Zur Erholung des Auges müssen Schwerpunkte gesetzt werden. Empfehlenswert ist in diesem Zusammenhang auch die Präsentation von „Warenthemen".

Je strukturierter ein Schaufenster ist, je positiver ist sein Einfluss.

Die Art der Gestaltung bestimmt das Kaufverhalten

Eine aktuelle Untersuchung des Douglas-Stiftungslehrstuhls für Dienstleistungsmanagement der FernUniversität Hagen gibt Auskunft über mögliche Gestaltungsarten auf deren Wirkung beim Kunden:

Untersucht wurde die Wirkung von dynamischen, neuartigen und strukturierten Gestaltungsarten. Das Ergebnis zeigt:

Die Gestaltungsform beeinflusst die beabsichtigte Einkaufszeit und die Kaufwahrscheinlichkeit positiv.

Je strukturierter ein Schaufenster gestaltet ist, desto positiver ist der Einfuss auf das „Gefallen". Außerdem wirkt sich dies günstig auf die Informationsrate und damit auf das Kaufverhalten aus.

Um Passanten in den Laden zu leiten, eignen sich vor allem dynamische und neuartige Elemente. Sie dienen als Eye-Catcher.

Frauen fühlen sich eher von dynamischen, Männer mehr von strukturierten Gestaltungselementen angesprochen.

Dynamische und neuartige Elemente eigen sich, um Passanten auf das Schaufenster Aufmerksam zu machen (Dior, New York).

Schaufenster Paris

Zeige Kompetenz durch Information

Der Kunde sucht Produkt und Preisinformationen zur Vorbereitung der Kaufentscheidung. Da Schaufenster im Gegensatz zu den meisten anderen Medien unmittelbar wirken, sollte hier gezielt vorgegangen werden. Dabei entscheidet, welche Informationen der Kunde sucht. Dies stellt sich bei Produkten z. B. der Unterhaltungsindustrie anders dar als bei modischen Textilien.

Darum gilt es, hier mit Augenmaß vorzugehen. Nicht alles, was aus Sicht des Warenfachmanns sinnvoll erscheint, interessiert den Kunden. Hinzu kommt, dass ein Zuviel an Informationen den Wunsch nach Orientierung negativ beeinflusst. Dennoch sollten wir beherzigen, dass der Produktinformation im Schaufenster zu geringe Bedeutung beigemessen wird.

Schaffe ein einzigartiges unverwechselbares Profil

Sich vom Wettbewerb abzugrenzen und ein einzigartiges Profil zu erlangen, ist eines der wesentlichen Ziele des Marketings:

Einmaligkeit statt Austauschbarkeit ist gefragt

So können Erlebnisorientierung oder die Präsentation von „Problemlösungen" einen psychologischen Zusatznutzen schaffen, der Differenzierung schafft.

Aber auch durch zielgruppenspezifische Gestaltung leistet das Schaufenster einen positiven Beitrag zur Identifikation mit dem Geschäft und trägt zum Aufbau einer langfristigen Beziehung zwischen Kunden und Laden bei.

Betreibe integrierte Kommunikation

Der Aufbau einer langfristigen Positionierung erfordert eine konsequente Abstimmung aller Werbemaßnahmen mit dem Ziel, „immer auf das gleiche Konto einzuzahlen". Schaufenster sind Teil dieser Wertschöpfungskette und müssen sich diesem Ziel unterordnen.

Der Kunde sucht Produktinformationen.

Schaffe Aktualität

Ludwig Beck, München, Schaufenster zur Jahreswende mit dem für diesen Anlass aktuellen Thema „Dinner vor one"

Die Häufigkeit der Umgestaltung richtet sich nach Standort und Branche des Geschäftes. Eine ständige Aktualisierung vermittelt aber immer ein positives Bild nach außen.

Eine Untersuchung zur Verbesserung des Einsatzes des Werbemediums Schaufenster, die von der Universität Osnabrück gemacht wurde, bestätigt:

Da die meisten Passanten wenigstens einmal in 14 Tagen an den Schaufenstern vorbeikommen, sollte die Dekorationsperiode nicht wesentlich länger sein, die Anzahl der Kundenkontakte nimmt danach nachweisbar ab. (Wer will schon immer das Gleiche sehen?)

Die Beachtung ist auch von der Zielgruppe abhängig: Frauen haben ein breiteres Interesse an Schaufenstern als Männer.

Die Betrachtung hängt von der Originalität der Gestaltung ab. Hierzu lautet eine Faustregel: Je jünger die Zielgruppe, desto ungewöhnlicher, provokativer der Gestaltungsanspruch.

Werbewirksame Schaufensterdekorationen führen zur Betrachtung, auch wenn wenig Produktinteresse besteht und sie beeinflussen das Image positiv.

Die Menge der Schaufenster hat dann eine Bedeutung, wenn gleichzeitig die Kommunikationsqualität erhöht wird. Großzügige und interessant gestaltete Schaufensterfronten stützen das Image eines innovativen Unternehmens.

Großzügige Gestaltungen stützen zusätzlich das Image eines innovativen Unternehmens: Funkee Monkee und Lovee Monkee bei Engelhorn Mode im Quadrat, Mannheim.

Dekoration ist:
Geplantes Instrument, kein Lückenfüller. Planung und Briefing sind für einen Erfolg ebenso wichtig wie bei anderen Marketingmaßnahmen.

Sechs Vorteile, die für das Schaufenster sprechen:

Es steht unmittelbar zu Verfügung.
Kurze Vorbereitungszeit bis zur Umsetzung.
Beeinflusst dort, wo der Kunde sich entscheidet.
Hebt Hemmschwellen auf.
Erhöht die Wirkung durch seine Dreidimensionalität.
Ist ein Stück Stadtkultur und beeinflusst nicht nur das Image der Firma, sondern der jeweiligen Geschäftslage.
Damit schaffen Schaufenster zusätzlich einen deutlichen Mehrwert für Immobilien und Lagen.

Verbesserung des Einsatzes Werbemedium Schaufenster:

Menge der Kontakte beobachten.
Laufrichtung der Kunden beobachten.
Straßenmöbelierung mindert die Beachtung.
Die meisten Passanten kommen mindestens einmal in 14 Tagen an den Schaufenstern vorbei. Dekorationsperioden sollten darauf abgestimmt werden.
Frauen interessieren sich im Allgemeinen mehr für Schaufensterauslagen als Männer
Die Beachtung hängt von der Originalität der Dekoration ab.
Farben und Kontraste steigern die Aufmerksamkeit. Diese müssen auf die Zielgruppe abgestimmt sein und sollten keine Disharmonien entstehen lassen.
Übersichtlich und keineswegs überladen.
Gute Schaufensterdekoration führt zur Beachtung und zu entsprechendem Image, auch wenn wenig Produktinteresse vorliegt.

Catwalk mit Schuhen

Vorschlag zu Schaufensterbewertung

- ○ Zu viel oder zu wenig Ware?
- ○ Ist das Warenbild geordnet?
- ○ Vermittelt die Ware Kaufimpulse?
- ○ Ist das Schaufenster aufmerksamkeitsstark?
- ○ Würden Sie selbst an diesem Schaufenster stehen bleiben?
- ○ Ist die Dekoration zeitgemäß in Farben, Material und Beleuchtung?
- ○ Sind die Produkte auch am Tage und bei Spiegelung noch gut zu erkennen?
- ○ Hat das Fenster eine Nah- und eine Fernwirkung?
- ○ Entspricht die Gestaltung der Blick- und Laufrichtung des Publikums?
- ○ Wird die Schaufensteridee im Laden noch einmal aufgegriffen?
- ○ Ist das Schaufenster Teil des (Handels-)Markenauftritts?

Wenn Sie Schaufenster gestalten, denken Sie bitte daran:
Schaufenstergestaltung ist eine Kunst, nämlich Verkaufskunst.

Parfümeriepräsentation
KaDeWe/Berlin

Erich Michel,
bis 1999 Schauwerbeleiter bei Karstadt Oberpollinger in München

Er gehört zu den Besten der Branche und vertritt eine ganze Generation von begabten „Chefdekorateuren" oder in der Terminologie seines Unternehmens: „Leitern Schauwerbung".

Wie alle herausragenden Persönlichkeiten, die ich kennen lernte, ist auch Erich Michel von einer bestechenden Natürlichkeit, die sicher auch ein Erbe seiner Herkunft ist.

Erich Michel kam im Ruhrgebiet zur Welt, und wem das nicht reicht, in Wanne-Eickel, heute ein wenig unemotional Herne II. Mir persönlich hat „Wanne" immer besser gefallen.

Nach erfolgreicher Lehre als Dekorateur bei Althoff begann für ihn wie für viele von uns die „große Wanderschaft" durch Deutschland mit den Stationen Düsseldorf, Braunschweig, Salzgitter, Duisburg, Hamburg-Altona und München-Schwabing. Mindestens von da ab eilte ihm der Ruf eines besonderen Talentes voraus.

Sein Erfolgsgeheimnis war immer, man würde heute sagen: seine teamorientierte Arbeitsweise. Sein Führungsstil brachte Talente zusammen, die er mit natürlicher Autorität zu leiten verstand und denen er, wenn nötig, den Rücken freihielt. Damit erschloss er sich und dem Team Freiräume, die es auch in einem filialisierten zentralgesteuerten Unternehmen möglich machten, Aktionen durchzuführen, die Standortvorteile nutzten und die den Kunden begeisterten.

Es war deshalb kein Zufall, dass ihm die Leitung der Schauwerbeabteilung in Münchens Oberpollinger übertragen wurde, seinerzeit das Flaggschiff von Karstadt im Herzen von München. Erich Michel hat durch seine Arbeit Zeichen gesetzt, an denen sich die nachfolgenden Kollegen messen müssen. Zeichen, wie man, ohne sich persönlich in den Mittelpunkt zu stellen (oder stellen zu müssen), eine Arbeit abliefern kann, die über den Augenblick hinauswirkt.

Unter den vielen Preisen die Erich Michel, nicht immer neidlos, verliehen bekam, sei der Sonderpreis für Gestaltung der 1997 durch die „NADI – National Association of Display Industrie" besonders erwähnt: Denn schon lange hatte seine Arbeit auch internationale Anerkennung gefunden. 800 Gäste ehrten einen herausragenden Mann im Marriot-Marquis-Hotel in New York.

Publikumswirksame Weihnachtsschaufenster, die ohne Ware mitten ins Herz der Kunden zielten, gehörten zu den Schaufenstern, über die man in München sprach.

Ein biblisches Thema mit viel Fingerspitzengefühl gestaltet, setzte die Tradition der Weihnachtsfenster fort. Wer weiß, welcher Überzeugungskraft es bedarf, Schaufenster „ohne Ware" durchzusetzen, wird dem Ergebnis besondere Hochachtung zollen!

Interview mit Erich Michel

Was/Wer hat deine Arbeit besonders geprägt?
Das waren meine tolle Lehrzeit bei Althoff in Wanne-Eickel und der „große" Heinz Hoffmann in Düsseldorf.

Welche aktuelle Bedeutung hat für dich Dekoration?
Eine eminent wichtige, weil man damit Menschen beeinflussen kann, Dinge zu tun, die sie so nicht geplant hatten.

Welche Bedeutung misst du dem Schaufenster zu?
Der Stellenwert des Schaufensters wird zur Zeit stark unterschätzt.

Zu Unrecht, wie ich glaube, allerdings mit dem Unterschied: Aus der einstigen Visitenkarte muss eine „Einladungskarte" werden! Übrigens ist das Schaufenster für mich das effizienteste Werbemittel, und das 24 Stunden am Tag.

Dagegen ist die Zeitung von heute oder morgen schon Schnee von gestern.

(Hier sei erwähnt, dass Erich Michel, hätte er nicht eine Karriere in seinem Beruf gemacht, sicher auch seinen Lebensunterhalt mit dem Erzählen von Anekdoten aus dem Ruhrgebiet hätte bestreiten können.)

Was muss ein Schaufenster leisten?
Wie schon angedeutet: Die Passanten stop-

pen, faszinieren und möglichst einladen, das Geschäft zu betreten.

Welche Rolle spielt Dekoration im Verkaufsraum?
Der Übergang vom Schaufenster zum Verkaufsraum ist ungemein wichtig. Man spricht ja auch vom Schaufenster im Verkaufsraum.

Wo sind für dich die Schnittstellen zwischen Visuellem Marketing und Dekoration?
Für mich gibt es keine Unterschiede. Beide Bereiche sollten stets Hand in Hand arbeiten, dann ist Erfolg vorprogrammiert.

Was gibt es noch zu sagen?
Nichts ist so konstant wie der Wechsel. Dies zeigen die aktuellen Entwicklungen im Einzelhandel bei uns und weltweit.

Alles ist, wie es scheint, unaufhaltsam in Bewegung und beschleunigt sich. Verhalten, Werte und damit auch das Entstehen neuer Betriebsformen.

Altbekannte Unternehmen werden geschluckt oder verschwinden mehr oder weniger lautlos, während zur gleichen Zeit Jungunternehmen viel versprechende Premieren feiern. Der Kunde erobert sich neue Einkaufsmöglichkeiten wie das Internet.

Trotzdem fällt es mir schwer, die Frage zu beantworten:
„Quo vadis Einzelhandel?"

Länderschauen gehörten zu den Großereignissen, die Oberpollinger in München veranstaltete. Hierzu wurde ein umfangreiches Begleitprogramm organisiert, das über Wochen für Sympathie und Aufmerksamkeit sorgte.

Manfred Beiderbeck, Schauwerbeleiter KaDeWe bis 2004

Zugegeben, nicht jeder kommt mit der niederrheinischen Direktheit, die Dinge beim Namen zu nennen, zurecht, aber wer das Echte liebt, wird dessen Vorzüge erkennen. Manfred Beiderbeck ist beides, direkt und natürlich. Dabei ist ihm die Begeisterung für seinen Beruf nie abhanden gekommen. Diese, ich möchte schon sagen, kompromisslose Einstellung und Furchtlosigkeit, seine Ideen durchzusetzen, trugen ihn dorthin, wo er hingehörte und von wo aus er unverrückbare Zeichen für den Beruf setzte, in eines der international interessantesten Handelshäuser, in das KaDeWe in Berlin, das er über Jahrzehnte erfolgreich mitgestaltete. Wer ihn in seiner Abteilung besuchte, fand eine Mischung aus Büro, Atelier und kreativer Werkstatt, von wo aus Ideen unterschiedlicher Art ihren Reifeprozess durchliefen. Hier konnte man sehen, wie weitsichtig und kreativ-anspruchsvoll geplant wurde, bevor dies für gut genug befunden wurde, umgesetzt zu werden.

Gut, manchen „Macher" unter seinen Vorgesetzten ging dies nicht immer schnell genug, aber Manfred Beiderbeck war sich seiner Verantwortung für die Marke „KaDeWe" bewusst und scheute sich nicht, unerschrocken dafür zu kämpfen. Seine Arbeiten sind wegweisend für ein erfolgreiches, qualitatives Visuelles Marketing im Handel.

Eine humorvolle KaDeWe Kampagne mit Figuren der Textilkünstlerin Stefanie Siebert, Tübingen, wurde mit einer Plakatkampagne unterstützt.

Technisch perfekte Produkte
benötigen ein
Präsentationskonzept, das
diesen Anspruch ernst nimmt.

Eine „Marke" – bühnenreif
dramatisiert: Es ist die
Bedeutung der Marke, für die
der Kunde bereit ist zu zahlen.

Die Symbiose von Kunst und
Ware macht Stores zum
kulturellen Bindeglied und zahlt
auf das Konto „Image" doppelt
ein.

Was/Wer hat Ihre Arbeit besonders geprägt?
Der Drang zur Gestaltung und Kreativität. Als Vorbilder haben mich seinerzeit Heinz Hoffmann in Düsseldorf und Otto Dietz in Stuttgart bei Hertie beeindruckt. Gelernt habe ich am meisten in der Zusammenarbeit mit den Partnern der Markenindustrie.

Welche aktuelle Bedeutung hat für Sie Dekoration?
Sie sollte über ein sinnliches Erlebnis etwas beim Kunden auslösen, das ihn zum Kaufen oder zum Bleiben bewegt. Sinnlich heißt für mich Wahrnehmung mit allen Sinnen: sehen, riechen, schmecken etc. Dies immer wieder aktuell zu inszenieren, fordert eine exzellente Vorbereitung, ein bestimmtes Niveau und Perfektion in der Umsetzung. Dekoration benötigt flexible Räume oder Flächen, auf denen man dem Kunden Abwechslung bietet.

Welche Bedeutung geben Sie dem Schaufenster?
Sie sind immer noch ein wichtiges Marketinginstrument des Handels, allerdings müssen Sie der Wahrnehmung der Kunden angepasst werden. Wenn ich für Schaufenster des Warenhauses spreche, so sollten großzügige, themenorientierte Schaufensterfronten klare Signale senden.

Das Produkt im Mittelpunkt. Wie erkennt der Kunde Qualität? Er weiß es, wenn er es sieht!

60

Was muss ein Schaufenster leisten?
Zuerst einmal Aufmerksamkeit erzeugen und die Unternehmens(Marken)philosophie im Bewusstsein des Betrachters verankern.

Welche Rolle spielt Dekoration im Verkaufsraum?
Ich bin mir nicht sicher, ob man die noch als Dekoration bezeichnen sollte oder besser als Warenpräsentation im Zusammenwirken mit architektonischen Attributen.

Wo sind für Sie die Schnittstellen zwischen Visuellem Marketing und Dekoration?
Diese Schnittstellen gibt es leider zu wenig beziehungsweise wird bei Ladeneinrichtungen zu wenig Raum zur flexiblen Gestaltung eingeplant.

Was würden Sie sonst noch gerne zu dem Thema allgemein sagen?
Ich denke, wenn es zur Zeit auch anders erscheint, hat das Warenhaus gute Chancen in der Handelslandschaft. Ich glaube aber, dass es einer mutigen strategischen Neuausrichtung bedarf. Ich denke da an ein für den Kunden durchgängiges Einkaufserlebnis. Hierzu ist aktuelle Architektur verbunden mit einer flexibleren Einrichtung und Beleuchtung eine Voraussetzung für ein erfolgreiches Visuelles Marketing.

Axel Oscar Wilde, Kreativ-Marketing-Direktor, Ludwig Beck, München

Axel O. Wilde, Jahrgang 1947, ist einer der ungewöhnlichsten Talente in Deutschland, den dieser Beruf vorzuweisen hat. Nachdem er sich reichlich den Wind um die Nase hatte wehen lassen, mit den Stationen Karstadt – Jelmoli, Lyon – Horten, Düsseldorf – Altmann, New York – Kaufhof, Düsseldorf, fand er in Ludwig Beck, München, das Unternehmen, bei dem er verwirklichen konnte, was ihn bewegte.

Er hat Ludwig Beck mit seiner Arbeit einen unverwechselbaren Stempel aufgedrückt, der dieses Kaufhaus einzigartig erscheinen lässt und beweist, welche Gestaltungsmöglichkeiten genutzt werden können, um einem Kaufhaus Kultstatus zu verleihen.

Axel O. Wilde ist ein leidenschaftlicher Kreativer und Provokateur, der mit Mut und Können beweist, dass nur wer mit ungewöhnlichen Konzepten den Kunden unterhält, ihn auch binden kann.

Axel O. Wilde ist:

Ressortleiter – Visual Marketing Director – Ludwig Beck AG, München – Präsident BDS – Zentralverband, Visual Marketing – Vizepräsident UDO – Beirat Messe Düsseldorf – Prüfungsausschuss IHK München – Freier Dozent VM.

prächtig

Was/Wer hat Ihre Arbeit besonders geprägt?
Andy Warhol, Jean Tinguely, die Beatles, Rolling Sto-
nes, Hermann Hesse u. Hans Georg Schriever-Abeln.

Welche aktuelle Bedeutung hat für Sie Dekoration?
Eine sehr wichtige! Es ist die emotionale Umsetzung
von Themen in Kauflust und Einkaufserlebnis.

Welche Bedeutung messen Sie dem Schaufenster zu?
Wie wir alle wissen und durch Untersuchungen bestätigt wurde, ist das Medium Schaufenster in Langzeit-
wirkung, Kosten und Effizienz unschlagbar. Somit hat
das Schaufenster im Marketingmix für den Handel eine herausragende Bedeutung. Außerdem leistet es immer einen Beitrag zur Innenstadtgestaltung und deren
Attraktivität.

Was muss ein Schaufenster leisten?
Es muss visuell-kommunikativ sein, das heißt, es muss
Themen, Kauflust und Leidenschaft visualisieren.

Welche Rolle spielt Dekoration im Verkaufsraum?
Sie spielt die gleiche Rolle wie das Schaufenster
(visuelle Kommunikation)!

*Wo sind für Sie die Schnittstellen zwischen Visuellem
Marketing und Dekoration?*
Dekoration ist Gestalten. – Visuelles Marketing ist
Warenpräsentation.

*Was würden Sie sonst noch gerne zu dem Thema De-
koration/Visuelles Marketing allgemein sagen?*
Ich denke, dass Visuelles Marketing ein noch wichti-
gerer Eckpfeiler für die Zukunft der Unternehmen sein
wird.
Gestalten ist dynamisches Ordnen von Informationen.
DER WEG IST DAS ZIEL.

humorvoll

hintergründig und doppeldeutig

festlich

geheimnisvoll

provokativ

lyrisch

STRENESSE
GROUP

KLARE LINIE

klar

utopisch

Jürgen Bußmann, Leiter Deko/Werbung, Hertie, München am Bahnhof

Jürgen Bußmann begann seine Ausbildung beim Kaufhausunternehmen Hertie Dortmund und fand, nachdem er bei Neckermann und Kaufhof wichtige Erfahrungen gesammelt hatte, als Leiter der Abteilung Schauwerbung der Hauptverwaltung des Hertie-Unternehmens eine neue interessante Aufgabe.

Als Kreativer reichten ihm auf die Dauer die Laborerfahrungen der Zentrale nicht. Es folgten eine Leitungsfunktion im Haus Wertheim Berlin-Steglitz und eine Zeit als regionaler Betreuer für den Raum Berlin.

Jürgen Bußmann interessierte immer die direkte und erlebbare Auseinandersetzung mit dem Kunden vor Ort. In München, einem der größten Häuser des Unternehmens, fand er die Möglichkeit und kreative Freiheit, die er gesucht hatte.

Jürgen Bußmann ist ein Beispiel, wie man aus Ware einprägsame Bilder kreiert, die mit wenig Beiwerk auskommen und sich auf das Wesentliche konzentrieren: Auf die Warenbotschaften!

Bussines is local,
Hertie, München

Schaufenster bei Wertheim,
Berlin Steglitz
... als Pelze noch das Herz jeder
Frau wärmten.

Schaufenster bei Wertheim,
Berlin Steglitz
... Kommunikation mit dem
Kunden

Interview mit Jürgen Bußmann

Was hat Ihre Arbeit besonders geprägt?
Informationsreisen in die Vereinigten Staaten, England, Frankreich und die Liebe zu meinem Beruf.

Welche aktuelle Bedeutung hat für Sie Dekoration?
Das Interesse am Medium Schaufenster wach zu halten, durch immer neue Darstellungsformen.

Welche Bedeutung messen Sie dem Schaufenster zu?
Das Schaufenster muss Bühnenreife erlangen.

Wir müssen den Betrachter mit neuen und abwechslungsreichen Darstellungsformen und -ideen auf uns aufmerksam machen.
Z. B. die Verlagerung von Promotionen ins Schaufenster, von der Vorführung neuer Staubsauger über das Kochstudio bis zur Beachparty.
Ideenlieferant für den täglichen Bedarf.

Was muss ein Schaufenster leisten?
Die Kommunikation mit dem Kunden und somit den Verkauf durch lebendige, abwechslungsreiche und überraschende Ideen anregen.
Den Kunden mit neuen Schaufensterideen „überraschen".

Hertie, München.
Mit sparsamsten Mitteln Ware neu interpretieren und Aufmerksamkeit erzeugen.

Welche Rolle spielt Dekoration im Verkaufs-raum?

Die oft „kleckerhaften" Dekorationen ver-puffen meist auf den Flächen.

Zumindest im Warenhaus sollten abteilungs-übergreifende Großevents inszeniert werden, die der Kunde wahrnimmt.

Z. B. alle Schaufenstermannequins einer Eta-ge auf einer Fläche bündeln (als Mode-Info-fläche).

Was würden Sie sonst noch gerne zu dem Thema Dekoration/Visuelles Marketing all-gemein sagen?

Viele der aktuellen Schaufensterkonzepte bie-ten keine abwechslungsreiche Darstellung.

Monotone „Gewohnheitsbilder" lassen das Interesse am Schaufenster sinken.

Aufmerksamkeit bekommt man aber nur durch ungewöhnliche und überraschende Darstellungen geschenkt.

Sich ständig wiederholende uniforme Gestal-tungsideen erzeugen Lageweile und wecken keine Neugier.

Marken im Warenhaus
glaubwürdig und anspruchsvoll
inszeniert mit dem Auge fürs
Wesentliche.

Johanna Oberschmied, selbstständige Schauwerbeberatung, Provinz Bozen/Südtirol

Dass „Provinz" nicht automatisch provinziell heißt, beweist Johanna Oberschmied. Mit ihren Arbeiten ist es ihr gelungen, einer ganzen Region gestalterische Impulse zu geben. Bei ihr bilden Kreativität und Professionalität eine untrennbare Einheit. Dabei gelingt es ihr, dem Ursprünglichen der Region verhaftet zu bleiben und dennoch Brücken zu anderen Kulturen zu bauen.

Johanna Oberschmied arbeitet auf einem künstlerisch und konzeptionell hohen Niveau, das allen Prüfungen Stand hält.

Sie macht aus Schaufenstern und Verkaufsräumen Events und zwingt mit ihren Arbeiten zum Betrachten und zur Auseinandersetzung.

Damit gehört sie zu den außergewöhnlichsten Talenten der Branche, denen es gelingt, für den Handel Lösungen zu erarbeiten, die auf den Standort zugeschnitten sind. Dabei verknüpft sie alle Möglichkeiten der Kommunikation zu einem konzeptionellen Ganzen.

Ihr Engagement geht aber über die eigene Arbeit hinaus. In dem Bemühen, ihre Botschaft weiterzuvermitteln, kümmert sie sich erfolgreich in Partnerschaft mit der „Schule für deutschladinische Berufsbildung" um die Aus- und Weiterbildung des Berufsbildes in ihrer Region.

Es war einmal ein tibetanischer Mönch. Er verharrte zwischen dichtem Bambus – wollte nicht entdeckt werden – dennoch waren alle Blicke auf ihn gerichtet.

Produkte müssen inszeniert
werden.
Zarte Blüten ranken sich um das
Drahtgespinn und finden darin
Halt.

Die Gottesanbeterin, so grün ...
so grün wie die Wand, in deren
Schatten sie Tarnung findet.
Vorbei am Fenster – einen
kurzen Blick in das Grün aller
Grün.

Norbert Niederkofler

WOHNEN?

„Mein Wunschambiente ist Holz und Stein. Ich bin nicht fürs „Neualte", mag keinen Stilmix, wenn schon alt, dann alt, ansonsten bevorzuge ich profane Materialien, modern aufgemacht, so dass sie Ruhe ausstrahlen."

ABITARE?

„Il mio ambiente da sogno è legno e pietra. Non mi piace la combinazione antico - moderno, il mischiare stili diversi, se deve essere antico che lo sia per davvero, altrimenti pre... ...rofani in stile moderno... ...sazione di quiete."

Schaufenster sollten
Geschichten erzählen.
So schafft man für ein Produkt
den „Mehrwert".

Was/Wer hat Ihre Arbeit besonders geprägt?
Künstler und Architekten

Welche aktuelle Bedeutung hat für Sie Dekoration?
Dekoration als solche im eigentlichen Sinne immer weniger.
Imagepflege und Visual Merchandising hingegen sind das absolute Muss eines Unternehmensgeschäftes und da kann Dekoration unterstützend einiges bewegen.

Welche Bedeutung messen Sie dem Schaufenster zu?
Es ist Teil des Firmenimages und die Visitenkarte.

Was muss ein Schaufenster leisten?
Es muss klar und deutlich das „Gesicht" des Geschäftes unverfälscht und für jeden verständlich abbilden.

Welche Rolle spielt Dekoration im Verkaufsraum?
Sie ist Teil der Merchandisingmaßnahmen. Kreatives Merchandising hat den absoluten Vorrang.

Wo sind für Sie die Schnittstellen zwischen Visuellem Marketing und Dekoration?
Ich sehe da keine!

Was gibt es noch zu sagen?
Viel, ich würde zum Beispiel Dekoration durch Begriffe wie Imagepflege, Gestaltung und Schauwerbung ersetzen, oder?

... ein barockes Festmahl, Speise und Trank aus edlem Porzellan, umgeben vom Schwarz einer kalten Winternacht: Messe Arredo, Bozen.

Ein Vogel – er hat sich verirrt – findet
sein Glück aber bald.
Zwischen Dornen und Gestrüpp, sitzt
er nun auf dem Haupt einer zierlichen
Figur.
Herbstfenster Modefachgeschäft, Bozen.

Engel in der Stadt ...
Ihre Flügel leuchten und ihre
Körper duften. Sie stehen am
Eingang und warten, bis das
neue Jahr zur Tür hereinschaut.

Aus der historischen Sammlung
der Firma Eurodisplay im Karl-
Ernst-Osthaus Museum in
Hagen.

Schaufenstermannequins

Schaufenstermannequins gehören zu den interessantesten und effizientesten Verkaufshilfen, die den Dekorationen und Präsentationen Leben einhauchen können.

In Zeiten, in denen die Personaldecke immer stärker schrumpft, nehmen sie die Rolle von Botschaftern der Sortimente ein und werden zu wichtigen Instrumenten der Verkaufsförderung und der Kaufentscheidung.

Schaufensterfiguren eignen sich insbesondere dazu, einen bestimmten Typ zu verkörpern und damit eine zielgruppenspezifische Ansprache einzuleiten.

Bei Kundenbefragungen erreichten Vollfiguren mit Kopf durchweg bessere Noten als Figuren ohne Kopf, die sich ausschließlich auf die Präsentation von Ware konzentrieren. Im Bereich des Visuellen Marketing haben „Kopflose" als ergänzendes Element, Waren in der Anwendung zu zeigen, ihre Berechtigung. Sie sind aber, was die Befragungen bestätigen, weniger geeignet, beim Kunden die positiven Emotionen zu erzeugen, die aus einem Kleidungsstück mehr machen als gut verarbeitete Materialien.

Im Rahmen von Rationalisierungsmaßnahmen gab es zeitweilig einen Boom der „Kopflosen", was ein wenig die Nervosität des Handels wiederspiegelte.

Ausgelöst wurde dies in den 90er-Jahren durch besonders trendorientierte Läden, die dies als temporäre Maßnahme einsetzten, um mit diesem seinerzeit ungewöhnlichen Auftritt Aufmerksamkeit zu erzielen.

Unbeabsichtigt lösten sie damit einen Flächenbrand aus.

Zugegeben, „Kopflose" sind deutlich günstiger in der Anschaffung und in den Folgekosten, aber sie lassen auch keine Differenzierung zu, besonders dann, wenn sich die Mehrheit der Anbieter für diesen Büstentyp entscheidet.

Und hat es den Umsatzzahlen etwas gebracht? Wie wir inzwischen wissen: Natürlich nicht! Nachdem der Unterhaltungswert der Schaufenster weggefallen war, zwang man den Kunden regelrecht, sich auf Preisvergleiche zu konzentrieren. Einige der Kollegen ließen zusätzlich vorhandene wertvolle Mannequins „köpfen".

Warum? Ich vermute, es wurde wie manche Fehlentscheidung betriebswirtschaftlich gestützt: „einfacher in der Pflege", „können auch von der Verkäuferin angezogen werden", „kosten weniger", „die anderen tun dies auch", und was so alles innerbetrieblich wünschenswert erscheint. Natürlich ist es

Frisurenkopf aus Gips, 20er Jahre

Die 60er repräsentierte das
Kultmodel Twiggy.

Superstar (Bild links) wurde zu einer der
Lieblingsfigur der Dekorateure.
Eine der meistverkauften Serien von Rootstein
zeigt Jean Collins inmitten ihrer Nachbildungen.

mühsamer, eine Entscheidung herbeizuführen, die dem Streben nach Kostenreduzierung vordergründig entgegenzuwirken scheint.

Aber was gefällt dem Kunden? Kommt es nicht darauf an, ihn zu begeistern und für sich zu gewinnen?

Inzwischen hat die Erfahrung gelehrt, dass dies nur Zeiterscheinungen waren und keine Patentlösung bedeutete. Wie die anschließenden Experteninterviews beweisen, muss dieses Thema differenzierter angegangen werden.

Die erfolgreichen vertikalen Vertriebsformen, aber auch fast alle Marken-Outlets haben darauf inzwischen die Antwort gegeben.

Schaufenstermannequins, die den Idealtyp der Kundengruppe verkörpern, der angesprochen werden soll, können mehr leisten, als Ware zu präsentieren. Sie schaffen das Stück Identifikation, die mit dazu beiträgt, Kaufen zum Erlebnis zu machen.

Die besten Figurenhersteller orientierten sich dabei meist an den Leitfiguren oder dem Typ, der das Zeit- und Lebensgefühl verkörpert. Besonders erwähnen möchte ich hier die geniale Schöpferin von Schaufenstermannequins Adel Rootstein, die es verstand, diese Strömungen aufzufangen und in erfolgreiche Arbeiten umzusetzen.

Aber auch sehr trendorientierte Figuren wie die der Firma Eurodisplay leisten einen besonderen Beitrag, Entwicklungen kreativ zu unterstützen.

Nicht alle Anbieter produzieren und kreieren ihre Schaufensterfiguren selbst. Produziert wird quasi in allen Industrieländern, wobei zunehmend China und Osteuropa, aber auch die Türkei an Bedeutung gewinnen.

Die Entwicklung und Herstellung der Prototypen findet aber noch überwiegend dort statt, wo Mode und Trends kreiert werden: in Europa und den USA.

Der Preis für eine Figur ist von unterschiedlichen Faktoren abhängig und sollte bei der Kaufentscheidung nicht alleiniges Entscheidungskriterium sein.

Wie ich schon sagte, ist es viel wichtiger, die richtige Figur für die angestrebte Zielgruppe zu finden, mit der diese sich identifizieren kann.

Das Spektrum von Schaufenstermannequins reicht von klassischen Ausgaben mit echten oder anmodellierten Haaren über superrealistische Puppen, die ein „Ideal" nachbilden, bis hin zu den bereits erwähnten kopflosen Figuren, die als Warenpräsenter nach wie vor ihre Berechtigung haben. Hinzu kommen beweglichen Büsten, die besonders im Freizeitbereich ihren Einsatz haben.

Aktuell ist die abstrakte Figur im Trend. Vor allem die Modeschöpfer wie Yves St. Laurent und andere präsentieren ihre Kreationen mit diesen Figuren. Der Vorteil liegt darin, dass sie ohne Accessoires auskommen und das Anziehen/ Auswechseln der Kleidung sich als unkompliziert gestaltet.

Inzwischen lassen sich viele Filialunternehmen ihre eigenen Mannequins kreieren und schaffen sich damit ein zusätzliches Stück Differenzierung zum Wettbewerb. Bei entsprechenden Abnahmemengen wird die Figur dabei nicht zwangsläufig teurer.

Kopflose Figuren für
Übergrößen

Show-Girl: Eurodisplay

Schaufenstermannequin
„Attitude", Eurodisplay

Wo finde ich nun das für mich ideale Schaufenstermannequin?

Wenn es so einfach wäre, würden sich keine 45 Aussteller, wie auf der Euroshop 05 in Düsseldorf, die Mühe machen, gegeneinander anzutreten.

Da es sich beim Kauf von Schaufenstermannequins um längerfristige Investitionen handelt, sollte der Kauf gut vorbereitet sein.

Wichtig für die Vorbereitung der Kaufentscheidung ist, dass vorher festgelegt wird, für welche Zielgruppe, welchen Modegrad und welchen Preislevel die Figur eingesetzt werden soll.

Ein weiteres Entscheidungskriterium sollte die Einsetzbarkeit der Figur sein. Damit macht sich manche scheinbar teure Anschaffung auf Zeit gesehen bezahlt, denn man kann von einer „Lebensdauer" einer guten Schaufensterfigur von mindestens fünf Jahren ausgehen.

Auch die Frage nach dem Service und dem Reparaturdienst sollte beantwortet werden.

In einer Marktforschungsanalyse sind folgende Fragen formuliert worden, die auch als Checkliste für die Planung einer Anschaffung dienen könnten:

Wann und wo kommen Schaufenstermannequins zum Einsatz?

Welche Kriterien müssen sie erfüllen, um mehr Umsatz zu erzielen?

Welchen Modestil soll die Figur präsentieren, welche Zielgruppe soll angesprochen werden?

Wie lange soll die Figur eingesetzt werden?

Welche Anzahl inklusive Reservefiguren wird benötigt?

Wie viel Lagerraum für Mannequins in unmittelbarer Nähe zum Einsatzort steht zu Verfügung?

Welchen Gebrauchsanforderungen muss die Figur genügen?

Wie hoch ist das geplante Anschaffungsbudget?

Welche Anforderungen sollte der Lieferant/Hersteller erfüllen? Flexibilität bei der Mitbestimmung: Größen, Frisuren, Sonderanfertigungen. Servicegrad: Reparaturen, Umtausch, Einlagerung, Recycling, Finanzierung usw.

Welche Informationsquellen können zur Vorbereitung genutzt werden: Katalog, Showroom, Internet, Messen, Vertreterbesuch, Informationsreisen?

Welcher Lieferant erfüllt das erarbeitete Anforderungsprofil?

Schaufenstermannequins gehören zum Handel. Sie sind ein wichtiger Auslöser für Kaufentscheidungen und ein unersetzliches Instrument, ein eigenes Profil zu erhalten. Damit beantwortet sich auch die Frage nach den Kosten: „Gute Schaufenstermannequins sollen nicht billig oder teuer sein, sondern sich bezahlt machen."

Die Arbeit mit Schaufenstermannequins

Entgegen den Wunschvorstellungen von vielen gehört das Aufziehen und Arrangieren von Schaufensterbüsten nicht zu den Dingen, die jeder beherrscht.

Den Unterschied erkennt auch das nicht geübte Auge im Vergleich.

Nicht zufällig bedient man sich hier der Spezialisten, die die Kunst beherrschen, Schaufenstermannequins mit Ware auszustatten und sie zu arrangieren.

Unter den Händen des „Könners" werden Schaufensterfiguren zum Leben erweckt und schaffen Kommunikation zum Kunden. Dabei ist das Besondere, dass man hier auf rein nonverbaler Ebene agiert und dennoch den Nerv des Kunden trifft.

Ich habe unter meinen Mitarbeitern und Kollegen viele kennen gelernt, die diese Gabe besitzen. „Denn es gehört mehr dazu: Man muss, wie wir sagen, ‚ein Händchen' dafür mitbringen."

Wenn Sie also das Glück haben, eine Gestalterin oder einen Gestalter zu treffen, die/der dies mitbringt, seien Sie nett zu ihr/ihm und versuchen Sie sie/ihn an sich zu binden. Dennoch will ich hier nicht denen den Mut nehmen, die glauben, diese Fertigkeit erlernen zu können. Bei entsprechender Übung und dem richtigen Gespür für Mode kann es gelingen, gute Ergebnisse zu erzielen. Sehr oft entwickeln sich hieraus Talente.

Denn Intuition und echte Begeisterung sind eine ebenso wichtige Voraussetzung.

Was jeder Anfänger beachten sollte:

1. Schauen Sie sich die Ware an, die präsentiert werden soll.
2. Legen Sie fest, welche Zielgruppe angesprochen werden soll.
3. Legen Sie fest, unter welches Thema Sie dies stellen wollen.
4. Suchen Sie die passenden Accessoires dazu aus.
5. Stellen Sie die passenden Schaufensterbüsten zusammen (hier macht sich bezahlt, wenn man über einen entsprechenden Fundus an Mannequins verfügt).
6. Wenn Sie mehr als eine Büste einsetzen, arrangieren Sie die Szene so, dass Interaktion/Spannung zwischen den eingesetzten Mannequins oder mit dem Betrachter entsteht.
7. Setzen Sie, wenn dies das Thema unterstützt, gezielt Requisiten zur Unterstützung ein (allerdings ist hier weniger oft mehr).
8. Achten Sie darauf, dass Sie bei aller Kreativität das Ziel nicht aus den Augen verlieren: *Aufmerksamkeit schaffen und zum Kauf anregen!*

Anforderungen an Schaufenstermannequins aus Sicht von Experten:

Auf die Frage: „Welche Anforderungen stellen Sie an Schaufenstermannequins?", antworteten:

Erich Michels, bis 1999 Oberpollinger, München:
Sehr hohe, was Qualität und Ausdruck an-

Harrods, London

Mannequins schaffen
Indentifikation.
Figuren-Serie: Youth Club,
Boys & Girls.

geht. Für mich ist die erste Adresse Adel Rootstein, die stets den Zeitgeist einfangen konnte. Bei Sportfiguren favorisierte ich Pucci mit anmodellierten Haaren. Kopflose und Schneiderbüsten fanden zeitweise Gefallen.

Jürgen Müller, Dekoleitung – Engelhorn Mode GmbH, Mannheim:
Vielseitig einsetzbar, trendgerechtes Make-up, Variationsmöglichkeiten.

Axel Wilde, Präsident BDS und Visual Marketing Director bei Beck am Rathauseck, München:
Sie müssen den Zeitgeist widerspiegeln und leicht zu handhaben sein.

Madeleine Wellern, Visual Art Director für alle Produktlinien international, ESCADA:
Für mich hat ein Mannequin genauso Bezug auf das CI einer Marke zu nehmen wie Logo, AD Campaign, Ladenbau etc.

Es sollte daher den Key-Values einer Marke folgen und darin unverwechselbar sein. Ob extreme Positionen oder schlichte Haltungen ausgewählt werden, hängt von der Kernaussage der Marke ab. So lassen sich verschiedene Arten von Mannequins unterschiedlichen Marktanbietern zuordnen: Wer im Niedrigpreissegment tätig ist, sollte zu kopflosen Mannequins tendieren, während Mannequins mit Haar bei entsprechendem Handling einen hochwertigeren Eindruck erzielen.

Bei der Entscheidung über einen bestimmten Mannequintyp ist es jedoch wichtig, die Erfahrung eines Spezialisten zu nutzen, der über ausreichend Erfahrung in dem jeweiligen Markenumfeld verfügt.

Auch das entsprechende Hintergrundwissen über Technik, Fitting etc. muss berücksichtigt werden. Man sollte deswegen nicht außer Acht lassen, dass Mannequins Gebrauchsgegenstände sind und sich dadurch sehr konkrete Anforderungen an das Handling, das Gewicht und die Belastbarkeit ergeben.

Eine gute Qualität und ein leichter Umgang mit Mannequins sind eine nicht zu unterschätzende Voraussetzung für eine perfekte Warenpräsentation.

Johanna Oberschmied, Schauwerbeberaterin, Bozen:
Wenn, dann müssen diese verwegen, neu, anders oder ganz einfach nur sehr, sehr gut und natürlich sein.

Aber ich kann genauso mit vielen individuellen, auf das Geschäft und von Fall zu Fall neu entwickelten Lösungen leben.

Manfred Beiderbeck, Schauwerbeleiter, KaDeWe Berlin bis 2004:
Schaufenstermannequins sollten immer Teil der Botschaft sein, die vermittelt werden soll. Hierzu gehört wie im Theater ein entsprechender Fundus an Mannequins, der es ermöglicht, die jeweilige Inszenierung punktgenau zu unterstützen. Da es nicht immer wirtschaftlich sein kann, selbst einen so umfangreichen Fundus aufzubauen, halte ich auch Lösungen wie das Leasing aus einem externen gut gepflegten Sortiment für sinnvoll.

Bewegung dramatisieren

Figurenserie Drama Divas und
Felix und Co, Rootstein.

Jürgen Müller, Schauwerbeleiter Fa. Engelhorn Mode im Quadrat, Mannheim

Er gehört zu den jungen, erfolgreichen Kreativen, die sich vorgenommen haben, dem Beruf neue Impulse zu geben. Dass ihm dies gelungen ist, lässt sich an Hand der Ergebnisse jeden Tag nachprüfen.

Dennoch tritt Jürgen Müller bescheiden auf und stellt die gute und vertrauensvolle Zusammenarbeit mit der Geschäftsleitung in den Vordergrund, ohne die er nicht die Rückendeckung für seine Arbeit hätte.

Die Firma Engelhorn Mode im Quadrat ist ein Beispiel dafür, wie man als regional agierendes Unternehmen erfolgreich handeln kann und Vorbild für die Branche wird. Dabei zeichnet sich die Firma Engelhorn durch Kontinuität und dem Anspruch, immer neue und kreative Verkaufskonzepte zu entwickeln, aus. Sie ist in diesem Bemühen ein von der Markenindustrie geschätzter Partner.

Die Teamorientierung im Unternehmen und der besondere Stellenwert des Bereichs Visuelles Marketing bei der Unternehmensleitung produzieren immer wieder überdurchschnittliche Ergebnisse.

Junge Mode bei Engelhorn,
Mode im Quadrat Mannheim.

Was/Wer hat Ihre Arbeit besonders geprägt?
Choreografen, Regisseure, Künstler (besonders zeitgenössische), Gespräche, Lesen, Reisen, fremde Kulturen, Geschichte und vieles mehr.

Welche aktuelle Bedeutung hat für Sie Dekoration?
Sie kommuniziert, visualisiert, inspiriert, fasziniert und bindet damit Kunden. Sie ist Teil des CI's. Dekoration kann als Abrundung der einzelnen Marketingmaßnahmen verstanden werden.

Welche Bedeutung messen Sie dem Schaufenster zu?
Schaufenster sind für mich nach wie vor die wichtigste Kommunikationsplattform/Bühne zur Darstellung des Unternehmens und zum Wecken von Kundenbedürfnissen.

Ebenso ist ein Schaufenster der Schauplatz für Inszenierungen jeglicher Art.

Was muss ein Schaufenster leisten?
Zuerst einmal muss es über diese Voraussetzungen verfügen, damit es etwas leisten kann:
1. Räumliche Flexibilität, das heißt: die Möglichkeit, mit unterschiedlichsten Einbauten, Displays, Kulissen zu arbeiten.
2. Eine technisch anspruchsvolle Ausstattung, ich meine hier vor allem die verschiedensten Ausleuchtungsmöglichkeiten.

Welche Rolle spielt Dekoration im Verkaufsraum?
Dekorationen führen den Kunden über gezielt eingesetzte Faszinationspunkte. Der Kunde bekommt Anregungen und bleibt länger im Laden.

Die Dekoration trägt die Botschaft von außen (Schaufenster) nach innen.

Wo sind für Sie die Schnittstellen zwischen Visuellem Marketing und Dekoration?
Visuelles Marketing und Dekoration der Faszinationspunkte bilden eine Einheit und müssen stimmig sein (Aufbau der Präsentations- und Einrichtungselemente, Rückwandabwicklung).

Die am Deko-Point präsentierte Ware, die beim Kunden Bedürfnisse weckt, ist so zu präsentieren, dass der Kunde bequem das findet, was er sucht oder worauf er Lust hat. Die sensibel aufeinander abgestimmte Mischung ist hier gefragt.

Visuelles Marketing und Dekoration müssen sich ständig über Trends, Ideen etc. austauschen, um erfolgreich arbeiten zu können.

Was gibt es noch zu sagen?
„Wenn ein Trend weggeht, sollte man die Türen schließen, sonst wird es kalt."
B. Brecht (1898 - 1956).

Carneval-Brasil bei Engelhorn,
Mannheim.

Carneval-Brasil

king duck

108

King Duck (Bild links),
Pop Duck (Bild rechts)

Think Light!

Licht und Leben sind unmittelbar miteinander verknüpft. Licht beeinflusst unsere Stimmungen und unseren Tagesablauf, Licht sorgt für unsere Ernährung in Form der Fotosynthese und lässt uns Dinge sehen.

Licht kann den Weg weisen, Signale transferieren, informieren, aber auch stören bis zur Unerträglichkeit.

Wir orientieren uns am natürlichen Licht, denn unser Sehvorgang hat sich unter natürlichen Bedingungen entwickelt.

Was verstehen wir unter natürlichem Licht?

Natürliches Licht verändert sich kontinuierlich im Laufe eines Tages, Jahres oder bezogen auf den geografischen Standort.

Das heißt, die Lichterfahrung eines Menschen, der am Polarkreis aufwächst, ist eine deutlich andere als die eines Bewohners der südlichen Hemisphäre.

Diese Lichterfahrung betrifft die:
• Lichtfarbe,
• Lichtintensität,
• Lichtrichtung.

Lassen Sie dies an zwei Beispielen mit Zahlen verdeutlichen:

	Blauer Himmel	Sonnenuntergang
• Lichtfarbe	6.000 Kelvin	3.000 Kelvin
• Lichtintensität	100.000 Lux	300 Lux
• Lichtrichtung	senkrecht	waagerecht

Alle drei Faktoren stimulieren uns, wie wir nachempfinden können, unterschiedlich.

Professionelle Beleuchtungskonzepte nutzen dieses Wissen, um Verkaufsflächen wirkungsvoll in Szene zu setzen.

Während das Bühnenbild von Beleuchtung als Dramatisierungsinstrument lebt und dafür der Beruf des Beleuchters geschaffen wurde, verfügt der Handel nicht immer über geschulte Spezialisten, die über das technische Wissen hinaus mit Beleuchtung umgehen können. Licht und Inszenieren mit Licht müssen als Teil der Wertschöpfungskette mehr in den Mittelpunkt des Visuellen Verkaufens rücken und als Marketinginstrument genutzt werden.

Oft ersetzt schon ein konsequentes Beleuchtungsmanagement in Zusammenwirken mit gekonnter Wareninszenierung aufwändige Aufbauten und Materialschlachten.
Hierzu gehören:
• Die ständige Pflege der Leuchten.
• Die tägliche Überprüfung der Leuchtmittel auf Funktion und Wirtschaftlichkeit.
• Die tägliche Kontrolle der sinnvollen Ausrichtung der Strahler.

Ich habe nicht nur einmal erlebt, dass sich ein Laden allein durch die Erneuerung der Leuchtmittel wieder frisch präsentiert.

Licht verkauft

Zehn Leitsätze, die einer Arbeit der Firma Ansorg Lichttechnik entnommen sind, sollen Ihnen als einfaches Orientierungsmittel helfen, „Beleuchtung am Point of Sale" noch bewusster einzusetzen.

1. Wo der Blick nicht innehält, gehen die Füße weiter

Licht fängt parallel zum Visuellen Marketing außen an. Die Gestaltung der Fassade und des Einganges werden erst durch Licht deutlich und können durch Fernwirkung Magnetfunktion ausüben. Dabei gilt folgende Faustregel:
- Strukturen betonen.
- Flächig ausleuchten.
- Schriftzüge beleuchten.

2. Flexibilität

Schaufenster sind Bühnen, die ein anspruchsvolles Beleuchtungskonzept benötigen, das die jeweils benötigte Stimmung erzeugen kann und durch die richtige Mischung eine kontrastreiche Ausleuchtung zulässt:
• eng bündelndes Licht,
• Verfremdung durch ungewohnte Lichtrichtungen,
• dynamisches Licht,
• theatralische Effekte.

Voraussetzung ist ein technischer Unterbau mit Stromschienen, der das schnelle Auswechseln und Ergänzen von Strahlern ermöglicht.

Und noch eins: Wenn draußen die Sonne scheint, benötigen Schaufenster mehr Licht als am Abend, um wahrgenommen zu werden. Entladungslampen mit einem hohen Beleuchtungsniveau bieten hier eine Lösung an.

3. Individualität

Je uniformer Einkaufszonen werden, umso wichtiger wird Beleuchtung als Differenzierungs-instrument. Die Inszenierung mit Licht ist ein wesentlicher Teil der Gesamtstrategie. Hier soll-ten folgende Fragen gestellt werden:

• Wie soll mich der Kunde wahrnehmen?
• Welches Beleuchtungskonzept stützt am besten meinen Gesamtauftritt?

Historische Fassade mit
wechselndem Licht in Szene
gesetzt.

4. Das Raumerlebnis muss die Warenpräsentation ergänzen

Nach der Flächenexpansion der letzten Jahre besteht auch in Deutschland die Chance, dem Kunden mehr Raum zur Verfügung zu stellen. Schon in der Vergangenheit galt: Je mehr Raum, desto hochwertiger der Anspruch.

Intelligente Konzepte wie „OUI" bieten Exklusivität bei einem Sortiment bezahlbarer Preislagen. Für solch ein Raumerlebnis benötigt man eine anspruchsvolle Grundausleuchtung (Licht zum Sehen) ergänzt durch Akzentbeleuchtung (Licht zum Hinsehen).

Warenaufbau Qui (VM!)

5. Nichts ist beständiger als der Wandel

Wie in allen technischen Bereichen hat sich die Entwicklung der Beleuchtungstechnik in den letzten Jahren rasant beschleunigt. Die Formel lautet vereinfacht: Immer kleiner, immer wirksamer und immer sparsamer im Verbrauch.

Oft ergeben sich Entwicklungen aus den Anforderungen, die das Visual Merchandising formuliert. So ist zum Beispiel eine neue Generation von LED-Leuchten im Vormarsch, die auf Grund der geringen Wärmeabsonderung Ausleuchtung aus geringer Distanz möglich macht, ohne die Ware auszubleichen oder zu beschädigen.

Einzelausleuchtung

116

6. Licht führt und leitet

Wege, Gänge und Treppenhäuser werden mit Licht zum Ariadne-Faden, der durch das Haus
führt und zusätzliches Raumerlebnis schafft.

Lebendigkeit durch Licht und
Schatten.

7. Licht und Schatten

Erst durch den vom Licht erzeugten Schatten entsteht Plastizität und Spannung. Die kann zur Dramatisierung von Produkten, aber auch von Einrichtungselementen und „Fascination Points" genutzt werden. (Dies gilt natürlich insbesondere für Schaufenster)

Dramaturgie durch Licht und
Schatten.

8. Das Beste ist gerade gut genug

Kassenzonen sind Servicepoints und sollten dem Kunden bei Kaufabschluss ein „Ich werde gerne wiederkommen" mit auf den Weg geben. Hierzu gehört ein deutliches Lichtsignal, das auch ohne Kassenschild den Weg weist:

- gut sichtbare Fernwirkung,
- Beleuchtung im Deckenbild absetzen,
- andere Leuchtenoptik einsetzen, z. B. abgependelte Leuchten (Licht zum Ansehen),
- arbeitsplatzgerechte Beleuchtung.

Kassenzone

Kabinen

9. Weniger ist mehr

Dies gilt für Ankleidekabinen. Hier ist ein sensibler Umgang mit Licht empfohlen, damit der Kunde sich positiv wahrnehmen kann. Das heißt:

• Gleichmäßiges Licht,
• Blendfreies Licht,
• Schattenfreies Licht.

10. Der Mensch im Mittelpunkt

Schaffen Sie Inseln, auf denen sich der Kunde kurzzeitig zurückziehen kann. Hier sollte eine gedämpfte Lichtatmosphäre für Erholung und Entspannung sorgen. Der Kunde wird es Ihnen mit einer höheren Verweildauer (nicht nur in der Ruhezone) danken.

Licht als Gestatungselement im
Schaufenster.

Licht unterstreicht die
gewünschte Atmosphäre.

Lichtbotschaften und Effektbeleuchtung

Immer häufiger wird Licht auch im grafischen und künstlerischen Bereich eingesetzt.

Hierfür steht inzwischen ein umfangreiches Handwerkszeug zur Verfügung, das dem Gestalter neue Möglichkeiten eröffnet.

1. Lichtprojektionen

Hier werden z. B. von der Firma Derksen, Duisburg, Lösungen angeboten, die Großprojektionen ermöglichen bis hin zu kleinsten Niedervolt-Projektionen für Lichtbotschaften überall dort, wo Halogensysteme zum Einsatz kommen.

Durch Motivwechsel, Farbwechsel, Rotation und Mehrfachschaltungen ergibt sich die Möglichkeit für eine dynamische Projektion und das Erzeugen zusätzlicher Effekte.

Lichtprojektion Schauspielhaus.

Klassische Weihnachts-Außenbeleuchtung, Galeries La Fayette, Paris

2. Lightbrush

Dieses mikroprozessorgesteuerte Farblichtsystem basiert auf nach dem RGB(Rot, Grün, Blau)-Prinzip abgestimmten Leuchtstofflampen oder LED-Leuchten. Damit besteht die Möglichkeit, aus den drei Grundfarben 16,7 Mio. Farben erscheinen zu lassen. Der Farbwechsel und die Helligkeit sind stufenlos steuerbar. Lightbrush wird zur Zeit überwiegend angewandt als Orientierungshilfe, zur Akzentuierung von Wareninszenierungen und zum Hervorheben von Innen- und Außenarchitektur.

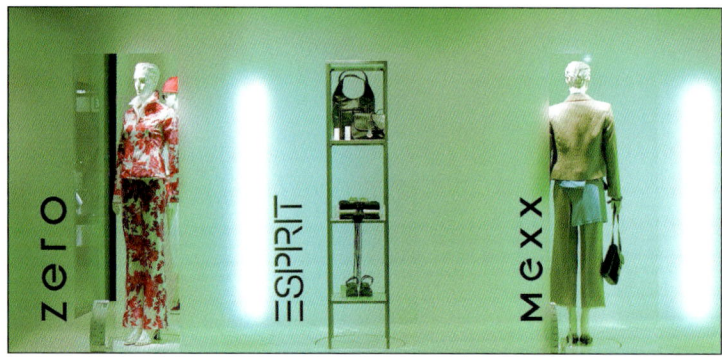

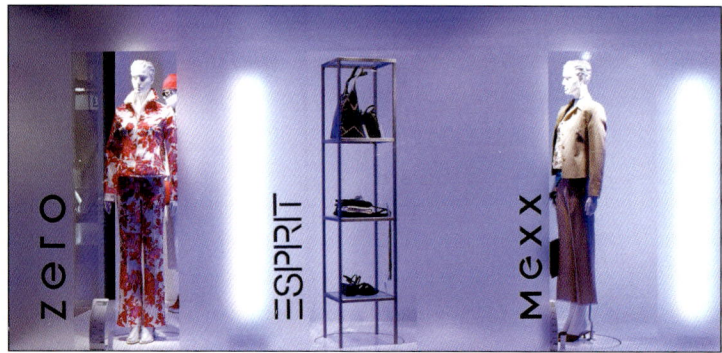

Lightbrush im Schaufenster
ermöglicht ungeahnte
Lichtfarbvarianten.

126

3. Die Zukunft hat schon begonnen

Licht kann mehr, als Räume erhellen: vom Scanner an der Ladenkasse bis hin zur Laser-Lichttechnik, die wir von Events und Großveranstaltungen her kennen. Täglich werden neue Anwendungsfelder erschlossen, die alle Lebensbereiche berühren, von der Fertigung bis hin zu medizinischen Geräten.

Ich zitiere aus einer interessanten Veröffentlichung des Bundesministeriums für Bildung und Forschung:

Läden im Jahr 20XX:

Das Wetter zeigt sich von seiner unangenehmsten Seite. Den ganzen Tag bleibt es grau und trüb. Doch in den Läden warten blühende Landschaften, die zum Verweilen einladen.

Möglich wird dies mit „Tapeten" als Lichtquellen.

Die leuchtende Tapete, die ihre Farbe auf Wunsch ändert und gleichzeitig als Bildschirm dient – diese Vision verbinden Forscher mit organischen Leuchtdioden (OLED).

Tatsächlich gelten organische LED langfristig als ideale Alternative zu heute bekannten Techniken im Displaybereich. Dies sind Bauelemente aus ultradünnen organischen Schichten – ähnlich wie Plastikfolien – die beim Anlegen eine Spannung Licht aussenden. Die Bauelemente sind nicht nur flach, sondern prinzipiell auch großflächig herstellbar und energieeffizient. Im Unterschied zu „klassischen" Leuchtdioden sind organische Leuchtdioden Flächenstrahler. Dies wäre für viele Anwendungen, in denen große Flächen be- und hinterleuchtet werden, ein deutlicher Vorteil.

Damit eröffnen sich für die Zukunft neue Gestaltungsmöglichkeiten, auf die man neugierig sein darf.

Lichtprojektion als Bühnenshow.

Douglas, Frankfurt am Main

Visual Merchandising

Was haben erfolgreiche Unternehmen gemeinsam?

Sie sind konsequent kundenorientiert.
Sie haben ein unverwechselbares Profil und schaffen damit Beziehung zum Kunden.
Sie konzentrieren sich auf ein für den Kunden klar wahrnehmbares Angebotsfeld, auf dem sie besser sind als andere.
Sie setzen alles daran, ihre Unternehmensphilosophie nach innen und außen zu tragen.

Erfolgreiche Unternehmen erhalten ein klares Profil beim Kunden, weil sie die Prozesse der Wertschöpfungskette zwischen:

Einkauf,
Merchandising/Visual Merchandising,
Verkauf
und ihren sonstigen Marketingmaßnahmen besser managen.

Dabei sind die vom Kunden unmittelbar wahrgenommenen Botschaften, die seine Beziehung zum Unternehmen festigen:
das Auftreten der Verkaufsmitarbeiter,
das Visual Merchandising in Verbindung mit dem Ladendesign,
die wechselnden Verkaufsaktionen,
die Kommunikation = Information, Preisauszeichnung und Werbemaßnahmen.

Mango, Köln

Der Ursprung

Das Präsentieren und Zurschaustellen von Waren ist so alt wie der Handel selbst. Bei einem Bummel über die Märkte kann man dies überall auf der Welt erfahren. Wer begibt sich nicht gerne am Wochenende oder im Urlaub auf die Suche nach diesem besonderen „Seherlebnis".

Hier kann man noch „hautnah" erfahren, wie sich jeder Stand im Wettbewerb mit dem Nachbarn um die beste Darstellung bemüht. Hier liegt der Ursprung dessen, was die Grundidee des modernen Visual Merchandising ist: die Kunden mit aus der Ware zusammengestellten Bildern zum Kauf zu bewegen.

Systematisch angewandtes Visual Merchandising, = VM, gehört zu den erfolgreichsten Verkaufsförderungstechniken.

Anfänglich für den Selbstbedienungs-Handel entwickelt, um den Kunden auch ohne Verkaufsmitarbeiter zum Zugreifen anzuregen, erkannte der Handel schnell, dass er damit über ein Instrument verfügte, das auf alle Handelsformen angewandt werden konnte und das dort, wo der Kunde beraten wird, dem Kunden die Schwellenangst nimmt.

Aus einem perfektionierten Merchandising mit dem Ziel, die richtige Menge von Produkten so zu platzieren, dass der Käufer zugreift, entwickelte sich das Visual Merchandising, das den Käufer darüber hinaus emotional anregt. Damit war der Schritt vollzogen, das Produkt selbst als Kommunikationsmittel einzusetzen.

Ersetzt man den Begriff Merchandising durch Warenpräsentation, so ist VM Warenpräsentation, bei der durch optisch bildhafte Wareninformationen Emotionen geweckt werden, die Kaufimpulse auslösen.

Von den „Märkten" lernen: Präsentation von Farbe und Frische.

Merchandising sowie Visual Merchandising leben von dem, was immer erfolgreichen Handel ausgezeichnet hat:

das Wissen um die Wünsche der Kunden (Analyse/Markforschung),

das Bieten eines Mehrwertes, den der Kunde erkennt (Preis/Leistung),

die Anpassungsfähigkeit an aktuelle Kundenbedürfnisse,

das richtige Produkt zur richtigen Zeit am richtigen Platz,

das Schaffen einer dauerhaften Beziehung zum Kunden (Kundenbindung),

ein Sortiments- und imageorientiertes Präsentationskonzept,

ein passendes ergänzendes Serviceangebot.

Diese Bausteine bilden im Wesentlichen das Fundament zur Erarbeitung praktischer Lösungen.

Wenn Sie jetzt ein Patentrezept erwarten, muss ich Sie aber enttäuschen, das wäre zu einfach und würde diesem komplexen Thema nicht gerecht.

VM muss für den jeweiligen Vertriebstyp und die einzelnen Sortimente „gemeinsam" – und dies gemeinsam hat besonders beim VM eine essenzielle Bedeutung – im Team erarbeitet werden. Das VM soll ja Differenzierung zum Wettbewerb schaffen und unverkennbar das Sortimentskonzept unterstützen. Beim einfachen „Abkupfern" wird man höchstens Zweiter werden und damit ist man immer auch Verlierer.

Sollte man noch nicht über das Know-how oder ein ausgefeiltes VM-Konzept verfügen, kann man den Prozess mit professioneller Unterstützung von außen deutlich beschleunigen.

Dennoch gibt es Grundsätze, die allgemeine Gültigkeit haben und die das Fundament bilden. Lassen Sie mich Ihnen diese in zwölf Schritten darstellen.

Frisch und Apptetitlichkeit:
SB-Präsentation Brotregal

Die Bausteine des Visual Merchandising

1. Klassifizierung der Ware/Ordnen von Wareninformationen

Bei jedem VM-Konzept steht am Anfang die Warenidee, die präsentiert werden soll, und das kreative Ordnen dieser Ideen für eine bestimmte Kundengruppe.

Hier einige Beispiele :
Größe: hier kann das Alter ein wichtiges Entscheidungskriterium sein.
Preis: Saisonal oder als Marketinginstrument.

Farbe: einer der wichtigsten optischen Reize.
Style: Rock oder Hose oder beides?
Marke: Ich trage nur Gucci.
Funktion: Ich brauche neue Schuhe.
Aktivität: Badeshop etc.
Anlass: Weihnachten, Ostern etc.

Entscheiden Sie, welches der Beispiele für Ihre geplanten Maßnahmen an erster Stelle steht und welche untergeordnete Bedeutung haben.

Sie sehen, wie wichtig es ist, sich zu Beginn Klarheit zu schaffen, denn nur so können ein-

Präsentation von Farbvarianten.

deutige Warenbotschaften entwickelt werden, die der Kunde versteht.

Hier wird schon deutlich, dass VM keine Einmannshow ist, sondern ein Teamspiel, bei dem es allerdings einen „Libero" geben sollte, der die Bälle verteilt, damit „Verkaufs-Tore" geschossen werden können.

Dabei sollten die Verantwortlichkeiten klar verteilt sein:

Aufgaben Einkauf:
Die Ware ist das Material, mit dem wir arbeiten. Die wichtige Rolle des Einkaufs ist: die richtigen Themen in der richtigen Menge und Schichtung für klar definierte Flächen zum richtigen Zeitpunkt bereitzustellen.

Ein für die Fläche erfolgreiches Sortiment zu kreieren, gehört sicher zu den interessantesten Aufgaben des Handels.

Aufgaben des VM-Teams:
Die Aufgabe des VM ist es, die Ware so aufzubereiten, dass sie für den Käufer begehrenswert wird.

VM-Spezialisten machen aus Ware Warenbilder. Sie präsentieren die Ware an der richtigen Stelle. Sie schaffen mit immer neuen Präsentationsideen Abwechslung und lösen Kaufimpulse aus.

Sie sind, wenn sie ihren Beruf verstehen, wahre Verkaufskünstler, die das Verhalten und die Vorlieben ihrer Kunden kennen.

Sie machen die ausgestellten Waren für den Kunden begehrenswert. Wenn er sich in das Produkt „verliebt", haben sie ihr Ziel fast erreicht.

Ein Kollege aus London beschrieb die Arbeit des Visual Merchandisers einmal mit:

„The thinking eye".

Er stützte sich dabei auf das Buch über Paul Klee, das seine Arbeit und Gedanken widerspiegelt: „Das denkende Auge", und beschrieb damit das, was den Visual Merchandiser auszeichnen sollte: die Analyse dessen, was wir sehen.

Dem Visual Merchandiser rate ich zu trainieren:
Seine Arbeit *„Mit den Augen des Kunden"* zu betrachten.

Jeder Erstkontakt zum Kunden ist ein erstes Kennenlernen und entscheidet darüber, wie der Kunde uns beurteilt.

Präsentation von Transparenz und Leichtigkeit.

Wie beim Schaufenster gilt auch hier:

„Wir haben nur eine Chance, einen ersten Eindruck zu hinterlassen."

Dabei entscheidet der Kunde sekundenschnell über:

Das Warenangebot: Finde ich hier das Richtige für mich?

Die Ordnung: Finde ich mich hier zurecht?

Die Raumgestaltung: Kann ich mich hier wohl fühlen?

Anzahl und Auftreten der Verkaufsmitarbeiter: Bin ich hier willkommen?

Kunden besuchen ein Geschäft zumeist, weil sie sich für etwas interessieren, seltener weil sie eine konkrete Vorstellung haben oder etwas brauchen. Dabei lässt sich der Kunde von der Warenpräsentation und dem gesamten Ambiente inspirieren.

ASICS-Präsentation bei runners shop, Aachen –
„Weniger ist oft mehr".

2. Kundenverhalten im Verkaufsraum

Kunden-Laufstudien haben ergeben:

Kunden bringen die Eingangszone relativ schnell hinter sich,

Kunden wenden sich bevorzugt nach rechts (Rechtshänder),

Kunden laufen bevorzugt an den rechten äußeren Seitenwänden entlang,

Kunden greifen bevorzugt nach rechts,

Kunden sparen Ecken aus,

Kunden bevorzugen Außengänge vor Mittelgängen,

Kunden machen ungern Kehrtwendungen.

Präsentationslösung für ASICS ohne Ecken.

3. Wegeführung

Das gezielte Führen des Kunden durch den Verkaufsraum erfordert eine Planung der Wegeführung, die das Verhalten des Kunden berücksichtigt.

Da selten die „ideale" Fläche zu Verfügung steht, müssen Maßnahmen erarbeitet werden, dies auf die vorhandene Raumsituation zu übertragen.

Eines der Ziele ist, den Kunden so lange wie möglich für unser Sortiment zu interessieren.

Dies kann durch die Art der Gangführung erreicht werden oder durch Präsentationstechniken wie die Schaffung von Stoppern, die in den Gang hereinragen, oder Faszinationspunkten, die den Kunden unterhalten und zur Auseinandersetzung mit dem Sortiment anregen.

Ein weites Ziel ist den Kunden möglichst bequem am gesamten Sortiment vorbeizuführen.

Kundenführung über aneinander gereihte „Loops" lenken an den Sortimenten vorbei, ohne Wege doppelt gehen zu müssen.

4. Wertigkeit der Verkaufsfläche

Verkaufsflächen lassen sich im Allgemeinen in drei Warenzonen aufteilen:

Zone 1: Gang = Aktualität

Hier muss die Ware mit der höchsten Aktualität präsentiert werden, die dem Kunden signalisiert: „Ständig etwas Neues".

Zone 2: Mitte = Basissortimemte

Hier findet der Kunde das, was er „gezielt sucht".

Zone 3: Wand = Themen/Warenbilder

Hier wird der Kunde angeregt, den Gang zu verlassen und sich durch Sortimentsideen zum Kauf inspirieren zu lassen.

Wertigkeit von Zonen.

5. Aufbau der Präsentation nach dem Arenaprinzip

Um dem Kunden die Übersicht und Orientierung zu erleichtern, erfolgt die Anordnung der Warenträger von niedrig im Gangbereich nach hoch zur Rückwand hin.

Tisch-Präsentationen öffnen den Raum nach hinten.

Regel:

maximale Abteilungstiefe vom Gang zur Wand acht Meter,

maximale Abteilungstiefe zwischen den Hauptgängen acht Meter,

maximale Dichte der Mittelraumwarenträger = drei Einheiten.

Zone 1: Höhe nicht über 1400 mm,
Zone 2: Höhe nicht über 1600 mm,
Zone 3: Rückwand Höhe abhängig von der Raumhöhe.

Ein Warenthema sollte immer vom Gang zur Wand hin aufgebaut werden.

Die Anordnung der Warenträger in 45-Grad-Winkel zum Gang und zur Laufrichtung kommt der Laufdynamik des Kunden entgegen und lässt mehr Einblicke in die Tiefe der Abteilung auch bei normalem Laufverhalten zu. Ebenso verhält es sich mit gerundeten Ecklösungen.

Bei dieser Lösung kann allerdings nicht die gleiche Menge von Warenträgern platziert werden wie bei rechtwinkliger Anordnung.

Die Menge der präsentierten Ware pro Quadratmeter ist jedoch nicht gleichbedeutend mit den erzielten Erträgen pro Quadratmeter.

Bessere Erträge pro Quadratmeter können bedeuten, mit weniger, aber schneller wechselnden Varianten den Kunden immer wieder Neues zu bieten und ihm mehr „Wohlfühlfläche" zur Verfügung zu stellen.

Die meisten der erfolgreichen vertikalen Konzepte folgen diesem Beispiel.

6. Immer etwas Neues:

50 Prozent der Stammkunden besuchen „ihr" Geschäft einmal in der Woche. Diese wichtige Kundengruppe, die auch den größten Teil des Umsatzes beeinflusst, will unterhalten werden und muss den Eindruck erhalten, dass sie immer etwas Neues geboten bekommt.

Das macht das Arbeiten mit der Ware so essenziell wichtig.

Visual Merchandising heißt: Ware ständig neu oder im veränderten Kontext zu präsentieren, um dem Kunden neue Ideen und Kaufimpulse zu geben.

Wenn der Kunde den Laden verlässt, sollte ihn ein gutes Gefühl begleiten. Gelingt uns dies, wird er wiederkommen und für uns in seinem Umfeld werben.

7. Wertigkeit von Regalzonen

Rückwände sind ebenfalls in Zonen aufgeteilt, die das Kundenverhalten berücksichtigen:

Der Kunde bückt und reckt sich nicht gerne.
Der Kunde kauft mit den Augen.

Ware, die der Kunde anfasst, begehrt er in den meisten Fällen auch (spätestens hier sollte der Verkäufer aus dem Begehren eine Kaufentscheidung herbeiführen).

Der Kunde (vorwiegend Rechtshänder) greift bevorzugt nach rechts.

Hier unterscheidet man zwischen 4 Zonen (bei großvolumigen Produktgruppen 3 Zonen, hier entfällt die „Bückzone").

Zone 1: BÜCKZONE

Hier sollten Varianten aus den anderen Zonen oder Zielkaufprodukte präsentiert werden.

Zone 2: GRIFFZONE

Zone 3: SICHTZONE

Beide Zonen eignen sich für Produkte, deren Interesse man wecken möchte und die gut kalkuliert sind.

Zone 4: RECKZONE

Eignet sich dafür, über Präsentations-, Dekorations- und Kommunikationselemente Warenbilder abzurunden und den Kunden auf das jeweilige Warenthema (Fernwirkung) aufmerksam zu machen.

Hier wurde ausschließlich die Griff- und Sichtzone mit Ware bestückt.

140

8. Vier Platzierungsarten

Blockplatzierung:

Geschlossene Platzierung aller Serien oder Artikel eines Themas als vertikaler oder horizontaler „Block". Blockplatzierungen sind in den meisten Fällen Stammplatzierungen.

Vorteile für den Kunden: Markenorientierte Kunden finden so schneller zu ihren Produkten und werden zu Zusatzkäufen angeregt.

Produktgruppenplatzierung:

Präsentation eines Produktes zusammen mit gleichartigen Produkten unterschiedlicher Hersteller.

Vorteile für den Kunden: Er kann bequem und schnell zwischen unterschiedlichen Qualitäten und Preislagen wählen.

Merke: Bestkalkulierte Ware am besten Platz (siehe Wertigkeit von Zonen)!

Aktionsplatzierung:

Zeitlich begrenzte Platzierung von Produkten mit einem besonderen Vorteil (Saison, Preis etc.) außerhalb der Stammplatzierung oder als zweite Platzierung.

Vorteile für den Kunden: Er bekommt zusätzliche Kaufanregungen über die Präsentation eines Themas oder eine besondere Preisleistung.

Kassenplatzierung:

Präsentation von „Mitnahmeartikeln" oder Präsentation von Artikeln des täglichen Bedarfs.

Vorteile für den Kunden: Er hat an der Kasse Zeit, Dinge mitzunehmen, die er nicht geplant hatte, die er aber ergänzend benötigt oder interessant findet. Er muss nicht zurücklaufen.

Blockpräsentation vertikal und Markenpräsentation horizontal

9. Visual Merchandising ist Ordnung

Die Ware ist die Botschaft.

Die Ware bestimmt die Präsentation – nicht umgekehrt.

Die Ware bestimmt das einzusetzende Instrumentarium.

Beste und aktuelle Ware am besten Platz.

Höchste Attraktivität am Gang.

Warenträger immer komplett bestückt (Der Kunde kauft keine Warenlücken).

Ware sauber gehängt und gestapelt.

Gleiche Bügel für eine zusammen präsentierte Warengruppe.

Ordnung der Ware auf den Warenträgern (Permanente Warenpflege).

Einheitliche Preisauszeichnung und Wareninformationen.

Der Warenaufbau orientiert sich an den Rahmenbedingungen der Abteilung und der Sortimentsstrategie des Unternehmens.

Nur wer die Regeln grundsätzlich einhält, kann sich eine Abweichung als „Dramatisierungsinstrument" erlauben.

Was wünschen sich Kunden vom Handel?
Kunden suchen „convenience", was nichts anders bedeutet als: Kunden wollen eins auf keinen Fall: S T R E S S ! Kunden wollen sich beim Einkaufen wohl fühlen.

Was bedeutet das für das Visual Merchandising?
Kunden wollen keine Rätsel lösen,
beim Einkaufen nicht arbeiten,
nicht suchen,
sondern durch Anwendungsbeispiele unterhalten und angeregt werden. Dies bildet auch die Brücke vom Visuellen Marketing zur Innendekoration.

Der Kunde sucht Anwendungsbeispiele.

10. Präsentationsmethode

Hier gibt es den größten kreativen Spielraum. Über die Präsentationsmethode kann man optische Impulse schaffen, die auf die Besonderheit der Ware eingehen.

Zum Beispiel:
- hängen ,
- legen,
- falten,
- verpackt,
- als Musterteil etc.

Beispiel Legeware:
Ausgewogenes Warenbild (Farbe, Design).

Warenanordnung:
von oben nach unten – von klein nach groß,
von links nach rechts – von hell nach dunkel
    oder,
von links nach rechts – nach Formen,
Farben in Blöcken,
Programme gebündelt,
Frontpräsentationen z. B. bei Herrenhemden
    im Sichtbereich.

Latterale und frontale Präsentation.

Beispiel Hängepräsentation:
Welcher Ständertyp zum Einsatz kommt, bestimmt die Dramatisierung der Darstellung.

Grundsätzlich kommen drei Ständertypen zum Einsatz, die sich vom Design unterscheiden können, aber in der Funktion wie folgt darstellen:

Kreuz oder Ständertypen für Frontpräsentationen,
Schlitten für Sortimente,
Rundständer für Aktionsware.

Für die Präsentation gelten folgende Regeln:
Warenthemen auf einem Ständer zusammenfassen,
von links nach rechts – von klein nach groß,
von hell nach dunkel,
nicht zu viele Ware auf einem Warenträger – der Kunde muss die Ware bequem entnehmen können,
Bügel immer in die gleiche Richtung hängen, pro Produktgruppe gleiche Bügel verwenden, erstes Teil immer mit dem „Gesicht" nach vorn.

Diese Beispiele sollen nur die Grundsätze verdeutlichen und lassen natürlich weitere Spielarten zu. Zum Beispiel die Kombination mit Tischpräsentationen etc.

Wie schon zu Anfang gesagt, besteht hier die Möglichkeit, sich über die Art der Präsentation zu differenzieren und mit neuen Warenträgern zusätzliche Kaufimpulse auszulösen.

Horizontale Präsentation von Farbthemen als Warenbild.

144

11. Präsentation in Warenbildern

Wodurch zeichnen sich professionell gestaltete Warenbilder aus?

Sie geben dem Kunden Orientierung („The first bite is taken with the eyes"),

haben Fernwirkung und bewegen den Kunden dazu, den Gang zu verlassen.

Sie sprechen die Sinne an.

Sie bedienen die emotionale Ebene.

Sie stellen Beziehung zur Zielgruppe her.

Und noch eins:

Visuelle Erfahrungen bleiben deutlich länger in Erinnerung.

Die Maßnahmen müssen ausgewogen sein, Umsatz und den beabsichtigten Imagewert gleichbedeutend im Auge haben.

Die Qualität des Warenbildes ist abhängig von der Menge der eingesetzten Modelle.

Ein Kollege begründete dies mit zwei Analogieketten:

1. Je weniger Modelle, desto höher die Qualität der Warenbilder.
- Je höher die Qualität der Warenbilder, desto höher die Kommunikationsleistung der Warenbilder.
- Je höher die Kommunikationsleistung, desto geringer der Personaleinsatz.

2. Je höher die Warenbildqualität, desto höher der Kaufanreiz.

- Je höher der Kaufanreiz, desto höher die getätigten Käufe.
- Je höher die Käufe, desto höher der Lagerumschlag.
- Je höher der Lagerumschlag und der Umsatz pro Stück, desto geringer die Kosten für Logistik.

Dies heißt in den meisten Fällen: „Weniger ist mehr" und erfordert eine sichere Hand des Einkaufs.

Für den Handel bedeutet das, dass dies VM, immer einen eindeutigen Nutzen bietet, der sich richtig angewandt immer rechnet.

Für den Kunden bedeutet dies: Er hat mehr Übersicht und Ruhe beim Einkaufen, mehr Fläche und Raum und gewinnt dadurch das, was für alle nur begrenzt zur Verfügung steht: mehr ZEIT!

Warenbild mit Dekoration.

12. Faszinieren durch Lifestylepräsentationen

Focus- oder Faszinationspunkte, sie sind das Schaufenster des Ladens.

VM benötigt immer wieder zusätzliche Impulse, die den Kunden positiv „aufschrecken" und ihm Einkaufsideen vermitteln.

Über Anwendungsbeispiele oder Themenpräsentationen werden Stopperwirkung und Kaufimpuls erzeugt.

Faszinationspunkte sind kein schmückendes Beiwerk, sondern essenzieller Teil eines abgerundeten Visual Merchandising.

Diese Präsentationsform schafft nicht nur Abwechslung, sondern soll auch auf der emotionalen Ebene die Identifikation zum Produkt herstellen und als Teil des Einkaufserlebnisses wahrgenommen und erinnert werden.

Je größere Flächen und je mehr Etagen ein Vertriebstyp hat, umso wichtiger wird der Einsatz zusätzlicher Präsentations-Highlights.

Einkaufen ohne Stress.

Madeleine Wellern, Visual Art Director für alle Produktlinien international der ESCADA AG/Creative Department

Als ich Madeleine Wellern zum ersten Mal traf, war sie Leiterin der Schauwerbeabteilung bei einem bekannten Modegeschäft in der Kaufingerstraße in München. Ihre Arbeiten waren mir aufgefallen und ich war neugierig, wie eine Kollegin, was zu der Zeit noch ungewöhnlich war, diese Position ausfüllte. Mich begeisterte schon damals die Art, wie sie ihre Aufgabe interpretierte und wie sie ihre Abteilung führte.

Inzwischen gehört Madeleine Wellern zu den profilierten Persönlichkeiten des Berufes, die es versteht, mit Professionalität, Mut und Engagement die Marke ESCADA weltweit zu inszenieren. Dass ihr dabei der Charme nicht verloren gegangen ist, zeugt auch von der Freude, mit der sie die ihr gestellten Aufgaben wahrnimmt. Dabei hat sie Bodenhaftung bewahrt und ist ein Führungstalent, das es versteht, dem sie unterstützenden Team Rückhalt zu geben.

Ihre Ausbildung zur Schauwerbegestalterin schloss sie erfolgreich in Hannover ab.

Im Anschluss daran sammelte sie Berufserfahrung bei zwei großen Modehäusern in Hannover.

Danach zog es sie nach München, mit Stationen bei Ludwig Beck und Lodenfrey.

1982 übernahm sie die Leitung der Dekorationsabteilung in einem Münchener Modehaus und war nebenbei noch freie Dozentin – Fachschule für Schauwerbegestalter.

1988 suchte Madelaine Wellern die Herausforderung der Selbstständigkeit und gründete die Firma Visual Communications. Zu ihren Kunden gehörten unter anderen: Barbie Martell, Jockey, Bäumler Gruppe, Silhoute Optic, Gore Tex, Reebock Sport, Schöffel Sport, für die sie Ideen entwickelte und realisierte.

Seit 1997 ist sie Visual Art Director für alle Produktlinien international der ESCADA AG/Creative Department.

ESCADA, Paris

Welche Bedeutung messen Sie dem Schaufenster zu?

Das Schaufenster war immer sehr wichtig, da es das Erscheinungsbild der Ware und deren Abverkauf direkt beeinflusst.

Seine Bedeutung ist mit der zunehmenden Relativierung der herkömmlichen Marketingtools weiter gestiegen. Wenn in einer hoch kommerzialisierten Umgebung Verbraucher mit bis zu 1000 Werbebotschaften pro Tag konfrontiert werden, sinkt die Wirkung von Fernsehspots und Zeitschriftenanzeigen.

Im Gegensatz dazu ermöglicht das Schaufenster einen unmittelbaren Kontakt zwischen Kunden und Ware. Es wäre fahrlässig, wenn man den Vorteil, der sich daraus ergibt, unberücksichtigt lassen würde.

Außerdem wird das Fenster selbst zu einem Marketingtool, indem es Werbebotschaften aufgreifen und vertiefen kann. Ein Zweitkontakt entsteht, wenn Elemente der Werbekampagne, die dem Betrachter aus den Medien bekannt sind, in das Schaufensterkonzept integriert werden.

Was muss ein Schaufenster leisten?

Das Schaufenster muss das Corporate Image einer Marke klar widerspiegeln und daher in seiner Gestaltung und Aussage einzigartig sein.

Dem Corporate Identity einer Marke liegt ein Lifestylegedanken zugrunde, der sich an den Bedürfnissen und Mentalitäten klar defi-

Die Marke als Gesamt-
inszenierung

auf eine Reise einzuladen, während der ihm die Kollektion präsentiert wird. Dabei ist uns wichtig, dass sich der Kunde wohl fühlt und den Kontakt mit der Ware als angenehm erachtet.

In Zeiten, als die Nachfrage noch das Angebot überstieg, reichte es, einen Shop mit viel Ware zu bestücken. Das kann heute jedoch abschreckend eintönig wirken und der Begehrlichkeit einer Marke Schaden zufügen. Aus diesem Grund gestalten wir die ESCADA-Shops möglichst spannungsvoll; sowohl durch Dekorationsspots, wie z. B. Figurengruppen und Tischdekorationen, als auch durch ein abwechslungsreiches Merchandising, das den Kunden leitet und in die Themen einführt.

Die ESCADA-Kollektion bietet durch ihre Vielfalt die Möglichkeit, unterschiedliche Corner innerhalb eines Shops zu gestalten. Ein Vorteil, der für viele andere Brands nicht möglich ist, die durch einen einheitlicheren Style dem Kunden weniger Unterhaltung bieten können.

nierter Kundengruppen orientiert. Fenster, die das Corporate Identity der Marke und damit die Welt ihrer Kunden unberücksichtigt lassen, sind wirkungslos.

Diese Tatsache ist unabhängig von der Exklusivität des Produktes. Die Kunst besteht darin, die Unterschiede deutlich zu machen: Ein Luxuslabel braucht aufwändigere und hochwertigere Fenster als ein Anbieter von Billigwaren, um eine Verbindung zwischen der Welt des Kunden und dem Erscheinungsbild der Marke am Point of Sale herzustellen.

Darüber hinaus kann ein Schaufenster auch auf die zur Verfügung stehende Ware sowie auf regionale und soziale Anforderungen am jeweiligen Point of Sale Rücksicht nehmen.

Welche Rolle spielt Dekoration im Verkaufsraum?
Fenster und Verkaufsraum bilden eine Einheit: Der Eindruck des Fensters muss daher unbedingt im Innenbereich weitergeführt werden. Das gilt besonders für eine Marke wie ESCADA, die ein exklusives, elegantes Modeideal verfolgt.

Unser Ziel ist es bei ESCADA, den Kunden

Wo sind für Sie die Schnittstellen zwischen VM und Dekoration?
Vorab: Visual Merchandising und Dekoration können meiner Meinung nach synonym verwandt werden. Die modernisierte Bezeichnung für Dekoration lautet Visual Marketing.

Merchandising bezeichnet dagegen das Arrangieren der Ware innerhalb des Shops.

Beiden Tätigkeiten muss ein fundiertes Wissen über Mode und Lifestyle zugrunde liegen. Ohne das Verständnis für unsere Kunden ist es nicht möglich, einen Gesamteindruck zu kreieren, der ihren Bedürfnissen entgegenkommt.

ESCADA, Frankfurt am Main

Zu den modernen Anforderungen des Visuellen Marketing gehört auch eine enge Kommunikation mit dem Design und dem Marketing, die die Hauptrichtung vorgeben. Früher wurde Dekoration als Kunst angesehen und richtete sich mehr nach dem Wetter als nach der Kollektionsaussage: bei Regen Mäntel, bei Sonnenschein Kleider.

Wer zu Ostern noch Hasen dekoriert, erfreut damit zwar Kleinkinder, es kann aber sein, dass seine Zielkundschaft sich bei so viel Biedermeierlichkeit entsetzt abwendet. Was hat auch ein Osterhase mit dem Lifestylegedanken eines Seidenkleids für 1 000 Euro gemein? Diese Sphären haben sich deutlich voneinander getrennt.

Die kreative Herausforderung liegt heute darin, den Mood einer Kollektion im Fenster unterstützend zum Ausdruck zu bringen, aus dem, was die Kollektion an Styles, Prints, Farbe und Ideen vorgibt.

Auch im Bereich Shop Design, bei der Auswahl von Möbeln, Licht, Stoffen etc. ist beim Visuellen Marketing Kreativität gefordert.

Der Merchandiser dagegen arbeitet eng mit dem Vertrieb zusammen und hält sich über Order, Warentausch und Warenabverkauf auf dem Laufenden. Dadurch behält er den Überblick und kann bei Bedarf gezielt Themen oder Styles pushen. Seine Aufgabe ist es außerdem, die Order nach den Voraussetzungen des Shops zu überprüfen und ggf. zu korrigieren, damit die Themen später problemlos am Point of Sale präsentiert werden können.

Was würden Sie sonst noch gerne zu dem Thema VM/Dekoration allgemein sagen?
Ich würde gerne hinzufügen, dass gerade in Deutschland ein großer Nachholbedarf in Sachen Visual Marketing zu verzeichnen ist. Die Notwendigkeit ergibt sich auch aus der allgemeinen Konsumflaute. Kaufen ist ja keine Bürgerpflicht. Sie muss Spaß machen. Unsere Aufgabe sehe ich darin, die Lust auf Shopping wieder neu zu erwecken.

Die großen internationalen Brands machen es vor und sind weitestgehend erfolgreich. Auch die Einzelhändler, die auf ihr Erscheinungsbild am Point of Sale achten, fahren gut damit. Aber die Unterschiede sind riesig.

Vor allem die deutschen Kaufhäuser haben es lange Zeit versäumt, neue Maßstäbe zu setzen. Damit einher ging die Entwicklung, dass auch das Markenumfeld abrutschte. Vergleicht man diese Situation mit den Department Stores in Frankreich, Großbritannien, USA und Japan, so besteht hier zu Lande ein großes Defizit bei der Umsetzung eines modernen Lifestylegedankens am Point of Sale.

Ein positives Beispiel ist das KaDeWe in Berlin mit dem Bemühen um ein „trading up".

Ich bin sehr froh, durch meine Tätigkeit bei der ESCADA AG zusätzliche internationale Erfahrungen sammeln zu können. In einer Welt, die von zunehmender Globalisierung und der allgemeinen Verfügbarkeit von Informationen geprägt ist, scheint es mir absolut notwendig, die Entwicklungen in den großen Modestädten der Welt im Auge zu behalten und Trends frühzeitig aufzunehmen. Wer spät realisiert, dass er dem Trend hinterherhinkt, hat meistens schon keine Chance mehr.

ESCADA, Sport

ESCADA, Sport

ESCADA, New York

Botschaften für Kunden

Großfotos können als „Blickmagnet" Kunden in den Laden ziehen.

Gedruckte Botschaften als Text oder Bild sind unterstützendes Element des Visuellen Marketings. Ihr effizienter Einsatz ist von unterschiedlichen Kriterien abhängig, wie Auflagenhöhe und Medium. Die Auswahl des idealen Druckverfahrens für den jeweiligen Einsatz gehört zum Grundwissen des Berufsbildes.

Flachdruckverfahren wie der Siebdruck haben sich für den Bereich Visuelles Marketing als besonders flexibel erwiesen, da sie sich für das Bedrucken unterschiedlicher Materialien eignen und durch den mobilen Einsatz des Siebes das Bedrucken von Schaufensterscheiben vor Ort ermöglichen.

Inzwischen bieten sich digitale Druck- und Plottertechniken als zeitgemäße Lösungen an.

Hier sind folgende Vorzüge hervorzuheben:
Die Wirtschaftlichkeit bei geringen Auflagen.
Die Möglichkeit, den Druck auf unterschied-
    lichste Trägermaterialien aufzubringen.
Die Möglichkeit, quasi unbegrenzte Formate
    zu bedienen.

Auch der geringe Aufwand bei der Vorbereitung und der Erstellung der Vorlagen machte
diese Technik inzwischen zum Liebling des
Handels und der Markenindustrie.

Unter der Prämisse, dass Kommunikations-
maßnahmen als Investitionen entlang der
Wertschöpfungskette gesehen werden müssen, verfügt man hier über Instrumente, deren Übertragung von Bildbotschaften auf den
Point of Sale neue Möglichkeiten erschließt
und deren breites kreatives Spektrum noch
lange nicht ausgeschöpft ist.

ESCADA

Der Digitaldruck eröffnet neue
Gestaltungsmöglichkeiten und
macht Schaufenster zu
Werbeflächen.

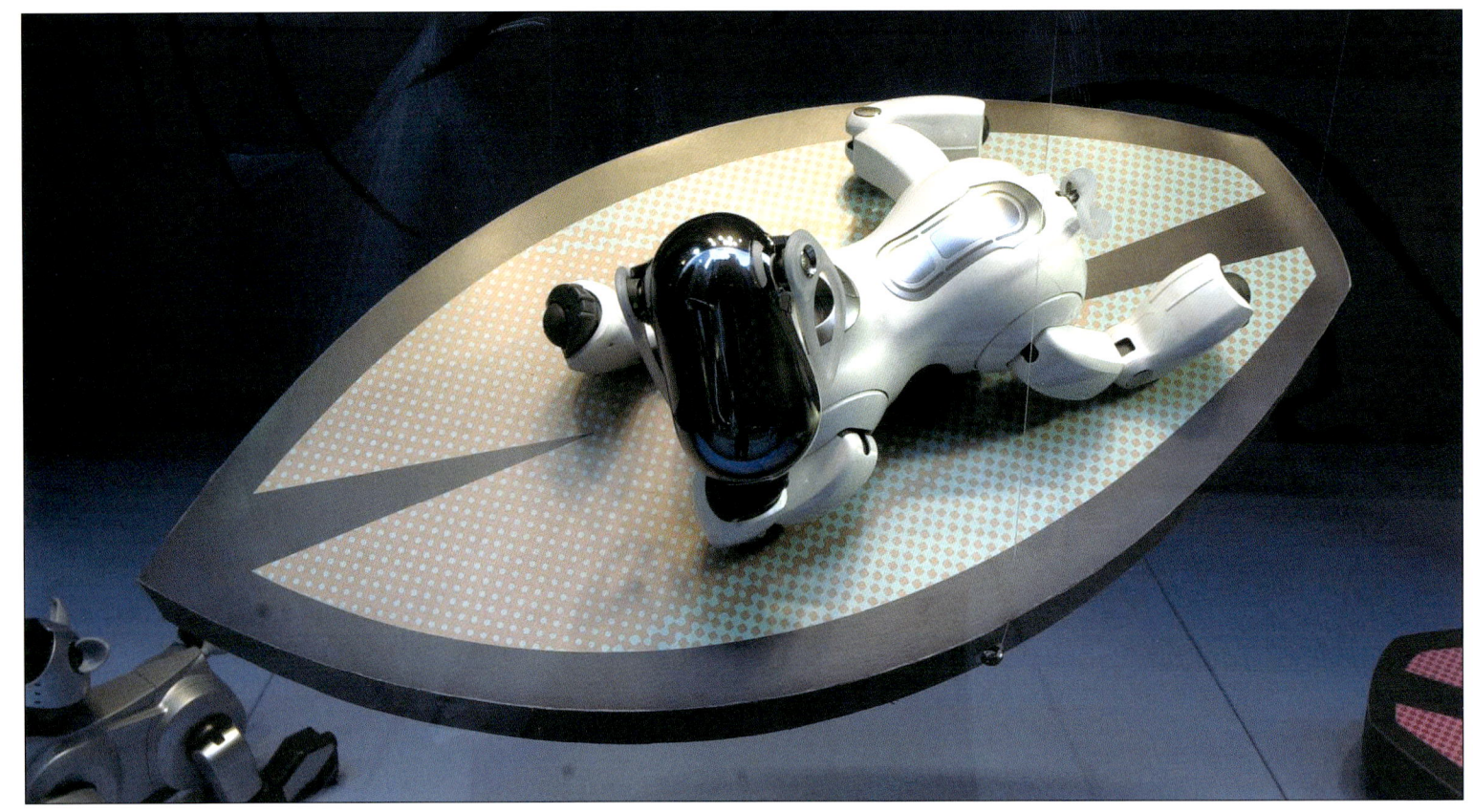

Sony, New York

Die Zukunft hat schon begonnen

Dass sich das Konsumverhalten in den letzten Jahren deutlich verändert hat, ist kein Geheimnis.

Die immer schnellere Anpassung daran ist eine der Herausforderungen, mit denen sich der Handel beschäftigt.

Der Trendforscher Wippermann nennt drei Strömungen, die das Verhalten des Kunden nachhaltig prägen:
Konsumenten sind „overstressed".

Dies belegt eine Studie der Gesellschaft für Konsumforschung in Nürnberg von Professor Dr. Christa Wehner der Fachhochschule Pforzheim, die dem vorherrschenden Konsumverzicht zwei wesentliche Merkmale zuordnet:

Die Konsumenten leiden unter ständigem Zeitmangel und entwickeln eine anhaltende Neigung zum Sparen auf Grund der wirtschaftlichen Unsicherheit.

Reizüberflutung braucht
aufmerksamkeitsstarke Bilder:
Las Vegas unter dem Thema
Vegas Supernova von dem
Fotografen und Regisseur David
Lachaellle, unter derLeitung von
Alannah Weston für Selfridjes in
London hintergründig und
provokativ inszeniert.

Beim Erlebniskonsum als Freizeitbeschäftigung fällt auf, dass sich Frauen und Männer deutlich voneinander unterscheiden.

Bei einem Drittel der „Zeitarmen" gibt es zwar noch eine Übereinstimmung bei der Nutzung eines freien Nachmittags: Beide würden sich am liebsten ein bisschen Ruhe gönnen.

Danach verschieben sich aber die Präferenzen:

Als Nächstes würden Frauen gerne shoppen gehen, während Männer lieber Aktivitäten, z. B. mit der Familie und Freunden, planen oder joggen würden.

Obwohl vielen Frauen das Einkaufen Spaß bereitet, verbringt die Mehrzahl von ihnen heute weniger Zeit damit als vor fünf Jahren.

Sogar die „Zeitreichen" ziehen dem Einkaufsbummel inzwischen andere Aktivitäten vor.

Konsumenten sind übersättigt.

Die meisten haben schon alles. Es gibt keinen wirklichen Bedarf. Viele haben gar keine Lust mehr wegzugehen und igeln sich lieber zu Hause ein. „Homing" ist das Schlagwort, das die Konsumforscher beschäftigt. Also warum einkaufen, wenn ich sowieso schon alles habe? Das Wenige was man noch braucht, bestellt man immer häufiger übers Internet.

Konsumenten sind überinformiert.

Die Informationskanäle werden immer vielfältiger und umfangreicher. Es fällt immer schwerer, unter der Flut von Nachrichten zu selektieren. Dies führt dazu, dass sich das Kaufverhalten signifikant verändert:

Einkaufen ohne großen Zeitaufwand, Kaufen ohne eigentliches Bedürfnis.

Der Trendforscher Peter Wippermann ergänzt hierzu:

Produkte sind „EGO-PROTHESEN" geworden. Das, was der Konsument will, bekommt er ohnehin nicht:

ZEIT, VERTRAUEN UND LIEBE. Diese Werte werden aber in einer Zeit, in der der Konsument materiell vollkommen versorgt ist, immer wichtiger.

Großtransparent: Calvin Klein, New York.
Was der Konsument sucht, ist: Zeit, Vertrauen und Liebe.

164

Welche Auswirkungen ergeben sich hieraus für das Visuelle Marketing? Was sollten die Schaufenster in Zukunft leisten?

Das Schaufenster wird auch in Zukunft Magnetfunktion ausüben, wenn es neu interpretiert wird.

Entertainment im Schaufenster:

Der DJ im Schaufenster, der die Kunden begrüßt, wie bei Tom Tailer in Hamburg.

Die Beachparty im Schaufenster, mit Models und den hinsehenswertesten Badedessous, denen ein Barkeeper die neuesten Sommerdrinks mixt, die per Gutschein an die Kunden gleich im Laden probiert werden können – wie bei Hertie in München.

Aktualität im Schaufenster:

Das Schaufenster ist in der Lage, zeitnah auf Ereignisse zu reagieren und Themen für sich zu besetzen. Hier können aktuelle Themen, aber auch lokale Ereignisse aufgegriffen werden und in Kooperation z. B. mit Theater und Museen eine kulturelle Rolle übernehmen.

Der Kunde als Voyeur:

Dieser Begriff ist bei uns negativ besetzt, aber in Zeiten, in denen Menschen tagtäglich unter ständiger Beobachtung eines Millionenpublikums stehen, wird klar, dass dies immer eine scheinheilige Abgrenzung war. Das Schaufenster wäre hierfür das ideale Instrument, neue Wege zu gehen.

Aber auch Dekorationen könnten hier neu interpretiert werden z. B. mit Gazewänden, die nur kurzzeitig durch wechselnde Beleuchtung einen Blick zulassen.

Natürlich gehört zum Provozieren manchmal Mut. Aber in Zeiten, in denen man im Wettbewerb nicht nur mit dem konkurrierenden Handel, sondern mit Medien aller Art, mit Freizeitparks und Großveranstaltungen steht, sollte man sich überlegen, wie man den Kunden unterhalten kann, statt ihn zu langweilen.

Voyeurismus als Massenphänomen

Event Shopping

Wie kann man die Verweildauer des Kunden im Laden erhöhen? Wie kann man den Kunden zum Entdecken, Ausprobieren und Erleben animieren?

Was für das Schaufenster wichtig ist, gilt natürlich auch für den Laden selbst.

Bereits jetzt werden unter dem Begriff „Intimate shopping" Verkaufsräume geschaffen, die eine begehbare Intimsphäre kreieren, in der der Kunde sich unbeobachtet bewegen kann.

Ein anderes Beispiel sind die von Johanna Oberschmied inszenierten Events für ein Möbelhaus, bei denen jeder Raum „bewohnt wird".

Licht und Form ruhen in sich selbst.
„Wohnevent in Bruneck", Thema „Single Weihnacht".

Brand-Shopping

Immer mehr Marken präsentieren ihre Produkte auf selbst gemanagten Flächen, zum einen aus der Erfahrung, dass der klassische Handel ihre Philosophie nicht versteht oder nicht pflegt, zum anderen, um dem Kunden exemplarisch ihre Marke quasi als Gesamtkunstwerk erlebbar zu machen und damit ihre Bedeutung zu stärken.

Beispiele hierfür sind die ESCADA- und Armani-Stores, die großen Sportmarken wie Adidas, Asics und Nike, aber auch Marken wie A. W. Faber Castell und andere mieten Flächen in besten Lagen an oder bieten dem Handel eigenständige Lösungen, um dem Kunden ein Gesamtbild von sich zu vermitteln.

Die erfolgreichen Departmentstores der Metropolen suchen inzwischen einen gemeinsamen Weg, diesem Bedürfnis gerecht zu werden, und schafften die Voraussetzung dafür, dass sich Marken auch unter ihrem Dach verstanden fühlen, dafür sind sie auch bereit, die Philosophie der Vergangenheit „Alles unter einem Dach" aufzugeben.

Sao Paolo – Einkaufcenter

Siegfried Krumbholz

Fragt man ihn nach seinem Beruf bekommt man gleich eine Anzahl von Möglichkeiten angeboten:

Dekorateuer, visueller Gestalter, Designer, Grafiker , Fotograf und Visionär.

Siegfried Krumbholz verkörpert dies alles in einer Person und beweist, dass Kreativität keine Grenzen kennt. Sein Bewusstsein dafür wurde durch die Warenhäuser Karstadt und Neckermann in Berlin geweckt. Es folgten prägende Jahre in den Deko-Zentralen von Neckermann in Frankfurt und Karstadt in Essen.

Irgendwann wurde ihm das Korsett der Abhängigkeit zu eng und er entschloss sich für die Selbständigkeit als die für ihn ideale Form sich seinen Vorstellungen gemäß zu entfalten.

Seit 1983 hat er die unterschiedlichsten Projekte betreut von Schauwerbe-, Messe- und Shop- Gestaltungen bis zur Konzeptentwicklung .

Aber dies nicht genug begann er eine zweite Karriere als Fotograf. Es folgten Publikationen, Fotoausstellungen und Vorträge.

Siegfried Krumbholz lebt und arbeitet in Berlin und Frankfurt am Main. Er ist ein leidenschaftlicher „Gestalter", der sich immer zu seinen Wurzeln bekannt hat und mit seinen Arbeiten den Blick für eine grenzüberschreitende Betrachtung des Themas Visuelles Marketing öffnen half.

So präsentiert, wird aus einem
Schuh ein Objekt der Begierde.

Was/wer hat Ihre Arbeit besonders geprägt?
Das Leben mit allen Sinnen und Emotionen zu sehen und mich in gleicher Weise für die Kunst zu öffnen.

Geholfen hat mir dabei der großzügige Gestaltungsfreiraum, den mir alle meine Vorgesetzten und Auftraggeber gewährt haben.

Welche aktuelle Bedeutung hat für Sie Dekoration?
Was für eine Frage! Eine sehr, sehr wichtige.

Dekorationen zeigen Trends, Lifestyle und ungewöhnliche Lebensformen in jeder Art. Nach wie vor dient sie der visuellen Anregung aller Sinne.

Welche Bedeutung messen Sie dem Schaufenster zu?
Eine große und wichtige. Das Schaufenster ist nicht nur in seinem Erscheinungsbild Visitenkarte, Image und Warenträger, sondern bietet die einmalige Möglichkeit, über einen längeren Zeitraum Botschaften unverhältnismäßig preiswert zu vermitteln.

Was muss ein Schaufenster leisten?
In erster Linie soll dies Medium auf einen Blick alle Inhalte vermitteln und den Dialog mit dem Betrachter wecken.

Welche Rolle spielt Dekoration im Verkaufsraum?
Die Aufgabe ist gleichzusetzen mit dem

Schaufenster bei SAKS,
New York

Schaufenster. Sie hat in den vergangenen Jahren an Bedeutung gewonnen und an Präsenz zugenommen.

Wo sehen Sie die Schnittstellen zwischen Visual Merchandising und Dekoration?
Beide haben sich in den letzten Jahren aufeinander zubewegt und sind eine visuelle, positive Symbiose eingegangen.

Was fällt Ihnen sonst noch zum Thema Dekoration/Visuelles Marketing ein?
Nach wie vor unterstützen diese beiden Themen den gesamten Handel und in erweiterter Form sehr viel andere Bereiche wie Messen,

Events etc. Gerade in der heutigen Zeit sollten diese Themen forciert werden.

Internationale Vergleiche der großen und kleinen Metropolen zeigen deren Vorreiterrolle einer vernetzten Gestaltung auf allen Ebenen, um deren Attraktivität zu erhalten und zu steigern.

Harrods, London

SAKS, New York

Bergdorf Goodman, New York

PRADA, New York

Calvin Klein

KaDeWe, Berlin
Schaufenster anlässlich der
„Bread & Butter".

Informationen zur Ausbildung

In der Bundesrepublik Deutschland ist der Beruf des

Gestalters/Gestalterin für Visuelles Marketing, dreijährige Ausbildung,
in der Schweiz Dekorationsgestalter/Dekorationsgestalterin, vierjährige Ausbildung,
ein Ausbildungsberuf.

Informationen erhalten Sie über die Verbände:

International: **U. D. O.,** United Display Organization, www.u-d-o.com

Deutschland: **B. D. S.,** Zentralverband für Visuelles Marketing e.V.,
　　　　　　　www.bds-visuelles-marketing.de

Schweiz: **Dekoschweiz-Berufsverband** für dreidimensionales Gestalten,
　　　　　www.dekoschweiz.ch

Berufsschule für Farbe und Gestaltung

Luisenstraße 9-11

D - 80333 München

Art Center College of Design

Route de Chailly 144

CH - 1814 La Tour-de-Peilz

F + F

Schule für experimentelles Gestalten

Wuhrstraße 10

CH - 8003 Zürich

London College of Printing Distribute Trades

Elephant & Castle

London SE 1 - 18 Ea

CEPV Centre d'Einseignement Professionnel de Vevey

Centre Doret

Avenue Nestlé 1

CH - 1800 Vevey

Accademia Naz. Vetrinisti d'Italia

Corso Manusardi 10

I - 20136 Milano

FWS Fachschule für Werbegestaltung

- Fachwirt für Webegestaltung

Leobenerstraße 97

D - 70496 Stuttgart

Deutsche-ladinische.Berufsbildung

Formazione-professionale. tedesca-ladina

Dantestr. / Via Dante 3

I - 39100 Bozen/Bolzano

Akademie Handel

- Merchandise Manager/-in

- Fachwirt/-in für Visual Merchandising

Ruprechtberg 11

D - 84405 Dorfen

Club für Handelskultur Vienna

Kaposigasse 124

A - 1220 Wien

Ralf Küsten geboren 1945 in Halle an der Saale erlernte den Beruf des „Dekorateurs" im ostwestfälischen Herford bei der Firma Klingenthal.
Von seinem ersten selbstverdienten Geld unternahm er eine Informationsreise nach London und Paris. Diese prägenden Eindrücke erleichterten ihm die Entscheidung unmittelbar nach der Lehre Erfahrungen in den seinerzeit expansiven Warenhausunternehmen Hertie und Karstadt zu sammeln.
1967 übernahm er bereits Führungsverantwortung als Substitut bei Hertie in Mannheim. Hier wurde er auch als Chefdekorateur bestätigt.
Die nächsten Stationen waren Karlsruhe und nach einer zweijährigen erfolgreich abgeschlossenen Trainée-Ausbildung zum Manager der Warenwirtschaft, Frankfurt am Main. Hier war er 1986 bis 1997 als Hauptabteilungsleiter im Bereich Marketing für die allgemeine Absatzförderung der Hertie Gruppe „Hertie, Wertheim und Kadewe" verantwortlich.

Seit 1998 ist Ralf Kürsten Inhaber der Firma Kürsten Creativ Merchandising in Frankfurt am Main, die sich mit Probemlösungen für den Handel beschäftigt.

Ralf Kürsten ist Präsident der United Display Organisation, Zürich, die als internationaler Dachverband der nationalen Verbände agiert.
Als Vizepräsident im Zentalverband für Visuelles Marketing, Deutschland oranisiert er mit seinem Kollegen Jürgen Zeitler die jährlich stattfindende Internationale Fachtagung für den Verband.

Ralf Kürsten ist Jury-Mitglied von Wettbewerben und ein anerkannter Referent.

Abbildungsnachweis

Ich bedanke mich bei den Firmen, Kollegen und dem Karl-Ernst-Osthaus Museum in Hagen für das Bild- und Archivmaterial, das mir für dieses Buch zur Verfügung gestellt wurde.

Foto Siegfried Krumbholz
Seite 8, 41, 47, 97, 106, 107, 113, 161, 162, 164, 169-179

aus dem Archiv des Museums für Visuelles Marketing im Karl Ernst Osthaus-Museum der Stadt Hagen
Seite 10, 13, 16, 17, , 89

aus dem Archiv des Museums für Visuelles Marketing im Karl Ernst Osthaus-Museum der Stadt Hagen, Fotograf Achim Kukulies
Seite 88

Heinz Hoffmann, für das Alsterhaus Hamburg aus dem Archiv des Museums für Visuelles Marketing im Karl Ernst Osthaus-Museum der Stadt Hagen
Seite 12, 14, 15

Hans Georg Schriever-Abeln für Karstadt Bremen aus dem Archiv des Museums für Visuelles Marketing im Karl Ernst Osthaus-Museum der Stadt Hagen
Seite 18-20

Foto Ralf Kürsten
Seite 22-27, 36, 38, 40, 42, 92, 111, 122, 123, 128, 129, 130, 131, 135, 147, 163, 165, 168, 182

Foto Manfred Xhonneux
Seite 134

Walter Knapp
Seite 28-35, 119, 167

Foto Max Depaoli
Seite 37, 43, 46, 125, 132, 133, 139, 142, 144-146,

Ludwig Beck München/Axel Wilde
Seite 39, 44, 63-71,

Jürgen Müller, Engelhorn-Mode im Quadrat
Seite 45, 103-104, 108, 109

Erich Michel für Karstadt Oberpollinger München
Seite 49-53

Manfred Beiderbeck
Seite 55-61

Jürgen Bussmann
Seite 73-79

Johanna Oberschmied
Seite 81-87, 166

ESCADA, Madeleine Wellern
Seite 149-157

Fa. ROOTSTEIN Display Mannequins/Archiv
Seite 90 und 91

Fa. ROOTSTEIN Display Mannequins, Foto Dirk Patschkowski
Seite 100 und 101

Fa. Eurodisplay
Seite 93-95, 98, 99

Ansorg GmbH Mülheim, Foto H.G Esch, Hennef
Seite 112, 115, 116, 117, 118,

Ansorg GmbH Mülheim, Foto Peter Deussen DÜ
Seite 120, 121

Derksen Lichttechnik: Galeria Kaufhof, Halle Saale
Seite 114

Derksen Lichttechnik
Seite 124, 127

Derksen Lichttechnik, Idee Harald Illmaier, Chefdekorateur Galeria Kaufhof, Kaufinger Straße, München.
Seite 126

Fa. Reger-Studios München
Seite 158-160